陈渝家庭菜

猪肉篇

陈渝 著

电子科技大学出版社
University of Electronic Science and Technology of China Press
成都

图书在版编目（CIP）数据

陈渝家庭菜．猪肉篇 / 陈渝著． -- 成都 ： 电子科技大学出版社， 2019.6

ISBN 978-7-5647-7142-3

Ⅰ．①陈… Ⅱ．①陈… Ⅲ．①猪肉—家常菜肴—菜谱 Ⅳ．① TS972.12

中国版本图书馆 CIP 数据核字（2019）第 122887 号

陈渝家庭菜．猪肉篇

ChenYüJiaTingCaiZhuRouPian

陈 渝 著

策划编辑：段 勇

责任编辑：魏 彬

出版发行：电子科技大学出版社

成都市一环路东一段 159 号电子信息产业大厦九楼 邮编 610051

主　　页：www.uestcp.com.cn

服务电话：028-83203399

邮购电话：028-83201495

印　　刷：四川新恒川印务中心

成品尺寸：145mm×210mm

印　　张：5.625

字　　数：220 千字

版　　次：2019 年 6 月第一版

印　　次：2019 年 6 月第一次印刷

书　　号：ISBN 978-7-5647-7142-3

定　　价：36.00 元

前 言

机会总是留给有准备的人

——GOD HELPS THOSE WHO HELP THEMSELVES

二十世纪八十年代总听到一句话：机会是留给有准备的人。今天回望走过的路，还真应验了这句话。

我小时候生活在大院里，常能看到许多邻居在厨房大展拳脚。看邻家叔叔把牛肉摊在公用桌子上，用木槌一边捶打一边讲为什么要捶打的理由；看东北军人包饺子擀皮飞快地旋；闻隔壁叔叔老家带来的黑亮亮老咸菜的浓郁醉香味；听邻家阿姨边包汤圆边讲述她们老家姑娘出嫁，婆婆和邻居要看新娘子包的汤圆是不是皮薄透亮，以此判断新娘子是否能干的习俗；我爸爸更是以做牛肉为骄傲，那时就听他说炒牛肉丝不能顺筋切，切好了还要先用生菜油捏揉到沾手，炒出来的牛肉丝滑嫩；炖牛肉汤要整块炖，炖到七成熟，改刀成方块后放萝卜，牛肉块方正且化渣。那时自然成了我厨艺的升级期。

总之，大院的大厨房是我爱好做菜的培训地。当我有了点做菜的欲望和基础时，有一天，经常来我家的阳炳春伯伯突然叹息：手艺都要失传啰！阳伯伯是位老厨师，能做很多名菜，市里领导和中央来人吃的菜，经常是他亲手做，他当时是在和我爸爸说他儿子不肯跟他学厨艺，我一听，赶紧接话：我跟你学！他跟我爸爸哈哈大笑以后，我爸爸大概觉得女孩子学点厨艺以后可以给家里做菜，于是说："可以啊，阳伯伯教你，不准后悔哈。"我不知道阳伯伯是怕对我爸爸不好交代，还是真要把我教成厨师，教菜那个认真劲，真让我有点后悔不该作茧自缚，毕竟十来岁的小孩还是想玩。他却每周日晚上五点准时到我家，我学的第一道菜是仔姜肉丝，知道了仔姜下锅前要放点毛毛盐码一下，姜爆鸭子的鸭子宰了之后要焯水，那时肉食原料很精贵，又没有添加剂污染一说，还真舍不得焯水时损失的油珠珠……

就这样学了近一年，我结束了跟师傅学做菜的阶段，但从此就真的喜欢上做菜了。每逢家里来客、过节，甚至朋友家请客需要做菜，我都很开心地做，第一次去给同学家做菜还不到15岁，她父亲出差带了几斤肉回家，那时没冰箱，同学就叫我去帮忙做，我把大块的煮了留着过几天做回锅肉，小块的切了做红烧肉，瘦肉炒肉片晾凉存放，碎块和猪皮、骨头炖萝卜，一番操作，惊得邻居们目瞪口呆。我觉得我好能干，像个大厨师。

几年后下乡插队，我干地里活总要比大家差，挑东西就肩痛，气力没长进，还是近视眼，走路经常摔，人家刚栽的菜秧，我一不小心就给踩死。我只好在家做饭，尤其是酷暑严寒的农闲期，我用做饭来报答大家对我的照顾，做饭手艺是越加进步。但那时每月只有半斤猪肉，偶尔有鱼、黄鳝、鸡蛋，其他的不太会做，我就主厨。后来到了报社，我自告奋勇做了美食版编辑，为餐饮的店家广告写软文，凭着汉语言文学专业的功底和做菜的基础，我能精准把握色、香、味特点和店家菜品优势，略带夸张地表达，一篇篇美食文字，还是为报社挣了一些钱。

有一天，报社副主编把我叫进办公室，介绍一位先生，说是电视台美食节目制片人唐沙波，想和我谈谈，我记得最清楚的是唐老师问我真的会做咸菜、水豆豉？我从从容容回答了，又和他谈了一些做菜的事，看我们副主编得意的笑，后来才知道是他推荐我，但人家不相信，以为会做咸菜的一定是老太婆，被他劝来见面，没想到面试的我还真是他想找的样子。他们告诉我，电视台要找一个做菜的主持人，唐老师已经看过了我写的文章，面试也还满意，明天就可以试镜。那时我对电视主持人是仰视，我都年过四十，对这种美差，真没想过，更没当真，绝对没有激动。轻轻松松就去了，录了两期，大家都说还可以。两周以后竟然在卫视上播出了。接着，继续做；接着，收到好多来自全国各地的书信；接着，我的光碟上市，人潮如涌，我有了点“星”的感觉，在街上有人喊我“渝风堂”，到加油站加油时开发票，人家直接写“渝风堂”，其实渝风堂是我做的节目名称。

我第一次相信了机会是给有准备的人。

正当我有些成功感时，我姨妈敲了我一棒，她说：你一天做些大麻大辣的菜，鸡精味精放那么多，再好吃我们吃不下。姨妈是六十年代老大学生，我是敬仰她的。虽然放鸡精味精是赞助商冠名需要，但我还是开始了思考我的前途和传播的责任。我准备开始学习营养课程。正好栏目有 5 个营养师学校的学习名额，学了不到一个月，其他四个人都陆续走了，确实枯燥，且没花自己的钱。我因为有明确的目标，坚持下来了。通过学习，改变了对营养就是吃补品的误解，其实营养是对食物的消化吸收的代谢过程，营养的重要基础是膳食平衡，是营养素合理搭配。再反思我们的状况，年轻没病的人，日夜大麻大辣大鲜的嗨，吃出病了吃药，天天吃药就觉得自己是病人了，遇到聚餐，总要向人诉叨医生说不能吃这个，不能吃那个，在想吃不能吃的痛苦中体验这辈子好多东西都不能吃的巨大痛苦，提前进入病人期和老年期；而年老的人想延年益寿，饮食清淡得恨不得一日三餐全部吃糊糊，吃补药，全没了吃的乐趣。其实美食是可以科学地进行的，老祖先也留给我们好多营养菜谱，芹菜炒牛肉这道极好的营养菜，在泡姜泡辣椒上增减，就可以满足不同人的口感；江湖菜豆腐鱼绝妙的搭配，就像鱼肝油配钙片很完美；竹笋烧鸡科学的搭配、极好的营养，让重庆人演变成烧鸡公，一点不影响它的营养成分……但同样是牛肉，做成灯影牛肉，把极薄的牛肉烤干成薄片，而此时的牛肉薄片与炖牛肉相比，营养结果大相径庭，如果炖牛肉再加入白萝卜，营养更加不一样，食物的营养不完全取决于食物本身，重要的是烹饪和搭配后的结果。所以，我毕业论文选择了“食物营养与烹饪”，这也是我后半辈子一直致力的事业，在各种讲座上的主要内容，也是让大家愿意很认真听完我的讲座的原因。

当重庆很多人都叫我陈渝大姐，认可我是高级营养师做菜时，我再次相信了机会是给有准备的人。

这本菜谱我希望从调味的角度和处理原料的角度以及烹制手法上讲做菜，同时介绍一些家庭做菜、做调料的小窍门，解答一些小疑问。对每道菜做一些点评，帮助读者增加对菜的感觉，而不是按原料分类，只谈做菜。我相信这样做会给烹饪爱好者一个举一反三的指引，给初学者一个基础认知，给有一定烹饪基础者一个简单的梳理，如果能达到这个目的，我便觉得是做了一件有意义的事。

本书在调味的方法上，借鉴了前辈们的一些经验，在此，也对各位前辈致谢。

陈 渝

2018 年元月

DIRECTORY
目录

猪肉主要部位图解及使用 /1

第一部分 家常味

1. 盐煎肉 /24
2. 家常千张 /25
3. 土豆烧肥肠 /26
4. 蚂蚁上树 /27
5. 狗钻洞 /28
6. 肉末茄子 /29
7. 泡豇豆炒肉丁 /30
8. 小煎肉 /31
9. 烧椒猪肝 /32
10. 肝腰合炒 /33
11. 泡椒黄喉 /34
12. 泡椒杂拌 /35
13. 家常肝片 /36
14. 南瓜粉蒸肉 /37
15. 酸笋蒸肠头 /38
16. 臊子脑花 /39
17. 火爆肚头 /40
18. 火爆腰花 /41
19. 干煸四季豆 /42
20. 肉末茄花 /43
21. 红烧狮子头 /44
22. 生煎抄手 /45

第二部分 鱼香味

23. 鱼香肉丝 /49
24. 鱼香茄盒 /50
25. 江津肉片 /54
26. 桃仁肉花 /52

第三部分 咸鲜味

27. 黄豆芽肉饼汤 /55
28. 白肉连锅汤 /56
29. 冬菜烧白 /57
30. 佳藕天成 /58
31. 香肠炒鸡蛋 /59
32. 白豌炖猪蹄 /60
33. 豆芽炖大肚 /61
34. 五彩肉丁 /62
35. 干烧蹄筋 /63
36. 白菜肉卷 /64
37. 水晶宝珠 /65
38. 金银肝 /66
39. 金蹄花 /67
40. 大千丸子汤 /68

41. 金包银 /69
42. 板栗烧蹄花 /70
43. 排骨绿豆汤 /71
44. 香酥猪排 /72
45. 小米肉丸 /73
46. 香菜豆腐羹 /74
47. 香菇酿肉 /75
48. 莲藕尾骨汤 /76
49. 清蒸扣肘 /77
50. 银芽肉丝 /78
51. 元宝金钩酿 /79
52. 生烧筋尾舌 /80
53. 金蛋红烧肉 /81
54. 樱桃肉 /82
55. 珊瑚肉 /83
56. 蒜薹榨菜肉丁 /84
57. 蒜苗炒腊肉 /85

第四部分 煳辣味
58. 宫保肉丁 /88
59. 宫保腰块 /89

第五部分 荔枝味
60. 合川肉片 /92
61. 锅巴肉片 /93

第六部分 麻辣味
62. 干煸肉丝 /95
63. 水煮肉片 /96
64. 皮蛋炒肉末 /97

第七部分 酱香味
65. 回锅肉 /101
66. 京酱肉丝 /103
67. 石锅仔芋 /104
68. 酱烧三丁 /105

第八部分 糖醋味
69. 糖醋排骨 /108
70. 糖醋里脊 /109

第九部分 椒盐味
71. 椒盐里脊 /112
72. 炸桃腰 /113
73. 椒盐肉糕 /114

第十部分 酸辣味
74. 酸辣蹄筋 /117
75. 酸辣飘蛋 /118

第十一部分 山椒味
76. 双椒蹄花 /121

77. 秘制黄喉 /122
78. 香葱白肉丝 /123
79. 乾坤豆腐 /124
80. 芋儿烧排骨 /125

第十二部分 姜汁味
81. 姜汁扣肘 /128

第十三部分 香糟味
82. 香糟肉 /131

第十四部分 蒜香味
83. 蒜泥白肉 /134
84. 蒜烧蹄筋 /135

第十五部分 红油味
85. 红油猪耳 /138
86. 红油蹄筋 /139

第十六部分 椒麻味
87. 椒麻脆肚 /142
88. 葱椒肝片 /143

第十七部分 咖喱味
89. 咖喱排骨 /146

第十八部分 茄汁味
90. 番茄滑肉汤 /149
91. 叉烧肉 /150
92. 叉烧排骨 /151

第十九部分 五香味
93. 卤猪脚 /154
94. 卤心舌、卤拱嘴 /155

第二十部分 香辣味
95. 香辣蹄花 /158
96. 功夫排骨 /159

第二十一部分 陈皮味
97. 陈皮香肉 /162

第二十二部分 怪味
98. 过桥抄手 /165

第二十三部分 麻酱味
99. 麻酱三丁 /168
100. 麻酱肥肠 /169

猪肉主要部位图解及使用

标准由古昌土猪肉提供

STANDARD PROVIDED BY GUCHANG LOCAL PORK

再简单的美食都有自己的
灵魂，人生有很多味道无法复制。
Simple food has its own
soul,life has a lot of taste can't copy.

五花肉 STREAKY PORK

五花肉也称三线肉，顾名思义，在肥肉中能看见三至五条瘦肉线。它是从猪的肚腹位置分割下来的。

五花肉在菜品中用得特别多，如咸烧白、甜烧白、红烧肉、粉蒸肉、酥肉、香糟肉、小煎肉、叉烧肉、咕噜肉等。但相对于瘦肉出菜，制作时间要长一些。

五花肉油脂含量比较高，血脂高者不宜多吃。

眉毛肉 BROW MEAT

眉毛肉是位于肩胛骨上面的一块形如眉毛的肉，肉质比里脊肉细嫩，但夹有少量油脂，颜色略深，用途与里脊肉大致相同。

眉毛肉在猪身上只有两枚，口感非常好，嫩滑化渣，炒、煮皆宜，也是猪肉中价格较高的部分。

里脊肉 TENDERLOIN

猪里脊肉是猪脊椎骨内侧的条状嫩肉，分大里脊和小里脊。大里脊就是大排骨相连的瘦肉外侧，有筋覆盖，通常说的猪里脊肉是大排去骨后的大条里脊肉；小里脊是脊椎骨内侧一条肌肉，比较少，很嫩，又叫腰柳。猪里脊肉含有人体生长发育所需的丰富的优质蛋白、脂肪、维生素等，而且肉质较嫩，易消化。

大里脊肉成型，无肥肉，但不如眉毛肉、腰柳细嫩。适合炒肉丝和炸猪排、糖醋里脊、椒盐里脊等酥炸类菜肴。

腰柳肉 PORK WILLOW MEAT

腰柳也称背柳，长在靠脊骨上，细长，一头大一头小。腰柳量很少，一头猪就两小根，是“活动肉”，价格高于其他部位瘦肉。

腰柳肉细嫩，适合炒肉丝、肉片，煮肉片汤。但小的一头太细，不好切。

唯有美食和爱不可辜负。

Never fail to live up to delicacy and love.

盖板肉 COVER MEAT

盖板肉是从前腿上分割下来，挨着颈项部的一块肉。盖板肉也属夹子肉，是夹子肉中较密实的一块好肉，粤菜的松板肉是在这一部位取出的，比较脆嫩。盖板肉因瘦肉多于肥肉，价格低于其他瘦肉，很多人喜欢用这部分做肉末、包子馅、饺子馅，用于炸酥肉、粉蒸肉、叉烧肉也比较适合，但要注意去除周边的淋巴结。

尾根肉 TAIL ROOT MEAT

尾根肉就是尾巴根肉（圆尾），连接尾巴根地方的肉，也叫“头刀肉”。这部位肉质香糯、紧密，适合炒回锅肉，容易起“灯盏窝”。但比起二刀肉，要肥些。

二刀肉 TWO KNIFE MEAT

二刀肉俗称坐墩肉，也就是猪屁股中间的部位。肥少瘦多，肥肉跟瘦肉不分层，主要适合做回锅肉、盐煎肉、蒜泥白肉、小煎肉。

民以食为天，食以味为先。
Food is god to the people,the food take taste as first.

保肋肉 RIB MEAT

位于猪背上肉质较厚的部位，去掉猪排即是。这是猪身上较肥的部分，一般用于炒，这部分肉肥，细腻，口感好。但脂肪含量太高，除了部分重体力活动者喜食外，一般人不可多食。

夹子肉 CLIP MEAT

夹子肉是腿肉与肩胛之间的一大块“活动肉”，肉质细嫩，但肥肉与瘦肉之间比较活动，容易断。夹子肉的瘦肉部分可以媲美眉毛肉，含油脂更多，口感比里脊更好。只是不如里脊成型，不好切。

唯有美食和爱不可辜负。

Never fail to live up to delicacy and love.

排 骨 SPARERIBS

猪排骨由于位置不同，分为大排（硬排），小排（软排），但没有绝对的分界线，一般说来，大排肉少一些，适合炖汤；小排肉多一些，软一些，适合做红烧排骨、糖醋排骨、叉烧排骨、粉蒸排骨。

排骨含钙较高，脂肪较低，适合所有人群。

脊骨属猪排部位，是猪排骨上有脊椎节的部分，肉很少，适合炖汤。

筒子骨 TUBULAR BONE

筒子骨是猪大腿主骨，因骨油丰富，一般做炖汤用，含钙量不如排骨。

扇子骨 FAN BONE

扇子骨是夹子肉里面包裹着的像扇子状的薄骨，市场价很低，其实它含钙高，容易熬烂，炖大肚、小肚垫在锅底不容易煳锅，是廉价的骨钙源，但一般不单独炖，加在其他汤里，汤更香，更浓。

尾 骨 COCCYX

猪尾骨是尾椎部剔下来的，骨质厚，油多，但与筒子骨比，骨油要少些，钙质高于筒子骨，有一部分“巴骨肉”，因此炖汤味道更鲜美，是比较好的“炖汤骨”，有补脾气、润肠胃、生津液、丰肌体、泽皮肤、补中益气、养血健骨之说。儿童经常喝骨头汤，能及时补充人体所必需的骨胶原等物质，增强骨髓造血功能，有助于骨骼的生长发育；成人喝骨汤可延缓衰老。

猪尾骨适合炖藕、白萝卜、杂豆等。

再简单的美食都有自己的灵魂，人生有很多味道无法复制。
Simple food has its own soul,life has a lot of taste can't copy.

猪 蹄 PIG'S TROTTERS

猪蹄是指猪的脚部(蹄)和小腿,是很多人都爱吃的猪肉原料,由于皮多且厚,口感很好,炖、烧、烩皆宜。猪蹄含有丰富的胶原蛋白质,脂肪含量也比肥肉低,并含有钙、磷、镁、铁以及维生素 A、维生素 D、维生素 E、维生素 K 等有益成分。它能防治皮肤干瘪起皱、增强皮肤弹性和韧性,对延缓衰老和促进儿童生长发育都具有一定作用。

但猪蹄胆固醇含量较高,脂肪肝、动脉硬化、高血压病人应少食。

【注意】

挑选猪蹄不要选颜色发白,个头过大的,脚趾处分开并有脱落痕迹的是过氧化氢浸泡的化学猪蹄。目前市面上基本没有了,但要警惕。

THE UPPERMOST PART OF A LEG OF PORK

蹄髈 HOOF

蹄髈俗称肘子，是紧挨爪子的部分。因为蹄髈纤维较为细软，结缔组织较少，肌肉组织中含有较多的肌间脂肪，所以，经过烹调加工后肉味特别鲜美。猪蹄髈营养很丰富，含较多的蛋白质，特别是含有大量的胶原蛋白质，和肉皮一样，是使皮肤丰满、润泽，强体增肥的食疗佳品。

猪肘分为前肘、后肘，一般人买蹄髈喜欢前蹄后髈，后髈肉多一些。

猪蹄筋 PORK TENDON

猪蹄筋是连接蹄关节的腱子，后蹄的筋质量好，一端成圆形，另一端分开两条，也都是圆形。前蹄的筋相对于后蹄筋质量差，筋短小，一端呈扁形，另一端分开两条，也呈扁形。

蹄筋是由胶原蛋白与弹性蛋白构成。猪蹄筋中含有丰富的胶原蛋白质，能增强细胞生理代谢，使皮肤更富有弹性和韧性，延缓皮肤的衰老；经常食用，有强筋壮骨之功效，对腰膝酸软、身体瘦弱者有很好的食疗作用；有助于青少年生长发育和减缓中老年妇女骨质疏松的速度。

猪头骨 PIG SKULL

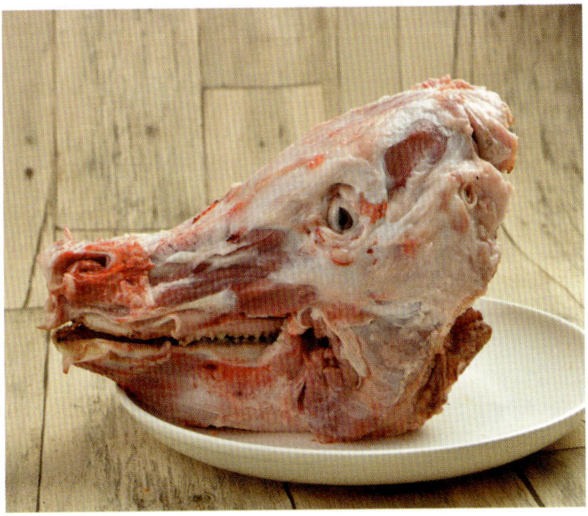

猪头骨是猪头剔皮后剩下的骨头，一般用来熬汤。砍开后里面有猪脑和一部分瘦肉，瘦肉挖出后呈圆形，俗称“核桃肉”。

猪 脑 PIG BRAIN

猪脑经常被叫作脑花，是猪的大脑，位于猪头骨内。猪脑清蒸、红烧口感非常好，细腻、嫩滑。

猪脑含有钙、磷、铁等元素，另含维生素 A 、维生素 B 、烟酸、维生素 C 等营养素。

买猪脑一定要看颜色，以健康新鲜为好，病猪脑切不可用。

猪脑含胆固醇是猪各部位中最高的，中老年人不宜吃。

猪头皮 JUTOUPI

猪头皮是猪头上取下的以皮为主的部分，头皮中含有大量的胶原蛋白质，它可以在烹调过程中转化成明胶，增强细胞生理代谢，有效地改善机体生理功能和皮肤组织细胞的储水功能，使细胞得到滋润，保持湿润状态，防止皮肤过早褶皱，延缓皮肤的衰老过程。猪头皮所含蛋白质的主要成分是胶原蛋白，约占 85%，其次为弹性蛋白。它是最廉价的“美容食品”。

猪头皮一般卤制、凉拌。

猪腰 KIDNEY

猪腰是猪的主要排泄器官，也叫猪肾。猪腰是制作家庭菜的常用原料之一，制作时将猪腰剥去薄膜，剖开，剔去白色的筋膜，切成所需的片或花，用清水漂洗一遍，捞起沥干。

猪腰菜品用得最多的是切凤尾：一般是将剔干净的猪腰平放菜板上，剔面朝上对刀口，切时用手拍实，斜刀片至四分之三处，一块片完后，用手掌顺着切口抹平，然后用刀顺着切口拉切三刀一断，在高温下切开处翻成“凤尾”。

猪腰有补肾、消积、止渴之功效，适宜老年人肾虚耳鸣者食用。但胆固醇含量高，高血脂、高胆固醇者忌食。

【注意】

（1）猪腰最好用土猪肉猪的，其原因有 2 个：①土猪肉猪喂养时间长，使其猪腰质地密集，口感脆嫩，急速猪的腰子炒起是炬的，有些餐馆用的添加剂增脆；②猪腰是滤毒器官，粮食猪残留毒素相对要少些。猪腰菜品调料最好配点醋，醋有解毒、去异味的作用。

（2）买猪腰一定要一摸二看。摸：即摸压猪腰，要有弹性，涨硬了的，一般是打水猪。看：猪腰颜色较浅的质量要好些；看表皮有微皱是正常的。

民以食为天，食以味为先。
Food is god to the people,the food take taste as first.

猪 肝 PORK LIVER

猪肝是指猪的肝脏。肝脏是动物体内储存养料和解毒的重要器官，含有丰富的营养物质，是最理想的补血佳品之一。猪肝具有补肝明目、养血、营养保健等作用。

猪肝是猪体内最大的解毒器官，各种有毒的代谢产物和混入食料中的某些有毒物质如激素、瘦肉精等，都会聚集在肝脏中，所以猪肝食前要去毒。尽量少食用急速猪的肝脏。

由于猪肝的口感以嫩、脆为好，要求片薄均匀，但猪肝质地松软、滑散，很不容易切薄，最好洗去表面污迹后，平放在盘子里急冻半小时，在猪肝半硬状态下切片，然后用淡盐水清漂，挤去血浆，去掉一些嘌呤更有利于健康。

猪舌头 PIG TONGUE

猪舌头肉质紧密细嫩，适合做卤菜、凉菜、红烧、杂烩。猪舌表面有一层白色舌膜，使用前要焯水、刮去白膜。选购猪舌头要注意看：新鲜猪舌头表面呈灰白色，包膜平滑，无异包和肿块，舌体柔软有弹性，无异味；变质的猪舌头呈灰绿色，表面发黏、无弹性，有臭味；异常的猪舌头呈红色或紫红色，表面粗糙，有出血点，有溃烂斑或肿块，或在猪舌根有猪囊虫寄生。

由于猪舌头含较高的胆固醇，胆固醇指数偏高的人不宜多食用猪舌头。

猪 心 PIG HEART

猪心即猪心脏，可以爆炒，也可以烧、烩。最多的还是卤。

在药用功效上，其可以辅助养心安神，镇惊。民间常配药物与其炖煮，用于惊悸怔忡。

但猪心胆固醇含量较高，“三高”人群少食用。

猪大肚 PIG'S STOMACH

猪大肚是猪的胃，含有蛋白质、脂肪、碳水化合物、维生素及钙、磷、铁等，具有补虚损、健脾胃的功效，适用于气血虚损、身体瘦弱者食用。

猪肚一般是和配料一起炖，猪肚洗干净后，可以把配料装在里面炖。如将黑豆、糯米、黑芝麻装在大肚里炖，食用后可以补虚健脾；黄豆芽装在大肚里炖，食用后可以养胃健脾。和土鸡同炖是一道名菜“肚子鸡”。不过大肚因含胶质较重，炖时最好锅底垫两块扇子骨隔热防煳锅，并且扇子骨的钙能溶解到汤中，为汤里增加钙。也有用大肚做卤大肚，如火候掌握得好，有弹性，脆爽。

大肚炖好后捞出沥干，可以做烩菜：白油肚条、烩三鲜等。

大肚最厚的部分叫肚头，可以做一道名菜：火爆肚头。只是这道菜对刀工、火候要求较高。

猪小肚 PORK BELLY

猪小肚即猪膀胱，也叫猪尿包。可以用于辅助治疗多种泌尿系统疾病，如夜尿频，用黑豆、糯米装进小肚里用针缝合，炖至豆熟，可多炖给尿床的小朋友吃。

可以做成凉菜、卤菜，绵韧、有弹性，也可入药。

挑选时须注意选择颜色红润的比较新鲜。

猪脾脏 PIG SPLEEN

猪的脾脏，又称联贴，因口感不太好，腥味大，一般人不愿意吃。但可以做卤菜。民间有用猪脾脏做食疗健脾的说法。

猪大肠 PORK INTESTINE

猪大肠是猪的内脏器官，是用于输送和消化食物的，有很强的韧性，没有猪肚那样厚，还有较多脂肪。猪大肠也叫肥肠，是大肠和肠头合称，它们的脂肪含量是不同的，肠头最肥。

猪大肠、猪小肚、猪大肚清洗方法如下：

用豆渣搓揉，豆渣粗糙，增加清洗时的摩擦力，有利去除污物。豆渣里的一种酶，可以分解肠、肚的黏液、异味。清漂后，再加白醋、白酒搓揉一遍就可以清洗干净了。一定要两面洗，尤其是内面，黏液较多，要多搓揉，清漂。

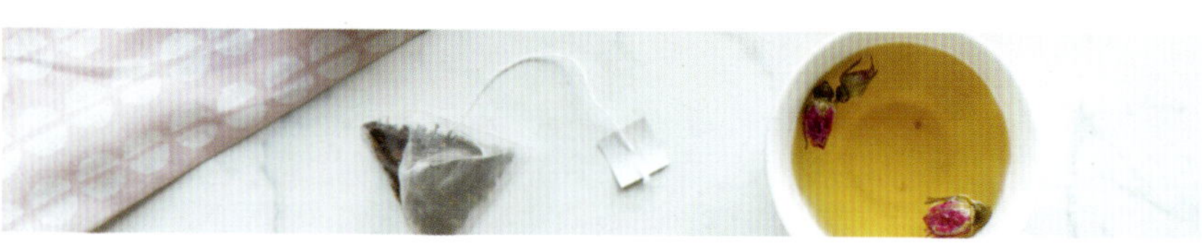

猪肺 PIG LUNG

猪肺是猪的呼吸器官，由于此器官口感不太好，吃的人不多，历来价格低廉，但它含大量人体所必需的营养成分，包括蛋白质、脂肪、钙、磷、铁、烟酸以及维生素 B1 、维生素 B2 等。并对有些身体状况有一定调理作用，可以同萝卜、苡仁、花生等一起炖食。

猪肺为猪内脏，易隐藏大量细菌，必须选择新鲜的肺且清洗干净煮食。选购猪肺的时候，注意表面色泽粉红、光泽均匀，富有弹性的为新鲜肺。变质肺其色为褐绿或灰白色，有异味，不能食用。如见肺上有水肿、气块、结节、脓样块节以及外表异常的都不能食用。

家的味道

美食

第一部分 家常味

HOME COOKING

家常味是家庭中用得最多的味型之一，也是川菜最常用的味型。家常味的特点是：咸鲜微辣，鲜醇味美，酒饭皆宜。调配家常味的调料略有差别，但基本的有：郫县豆瓣、泡红辣椒、姜、蒜、盐、酱油、醋、糖、胡椒、花椒等。可以根据不同原料和菜肴要求进行调配。

在这几种调味品中，泡辣椒起着增色提味的作用；郫县豆瓣可以辅助定味，是组成菜肴香辣的基础；醋可以将原料中氨基酸分解，增加复合香味；糖起综合作用，使味道回味醇厚。

家常味的标准是：原料的底味不要过咸，腌制时用盐要少，因为泡辣椒和豆瓣酱咸味较重；酱油的用量不要多，需要少许白糖，起锅之前滴几滴醋，体现咸鲜微辣、略带回甜的风味。

按不同菜肴和各自喜好，家常味中泡辣椒、郫县豆瓣、干辣椒面等辣味品，要酌量加入。如鱼类菜肴适合多用泡辣椒；家常海参、家常蹄筋等宜用豆瓣酱，粉蒸系列菜多用辣豆瓣、干辣椒面等，突出菜肴的不同风味。

盐煎肉

材料 主：腿尖肉（肥瘦各半）200 克。
辅：蒜苗 100 克。

调料 豆豉 20 克、豆瓣 10 克、盐 3 克、味精 5 克、白糖 5 克、姜片 10 克、料酒半茶匙。

做法 1. 将肉去皮，切 6 厘米长、3.5 厘米宽、0.3 厘米厚（薄片）；豆豉、豆瓣剁碎；蒜苗切马耳朵形。
2. 锅内下油烧至五成热，将去皮切好的肉片下油锅里爆出油，放盐、料酒、姜片、豆豉、豆瓣、白糖炒至肉片上色，下蒜苗，放味精翻炒起锅装盘。

特色 盐煎肉一年四季都可以吃，没蒜苗可用蒜薹、青椒、仔姜、芹菜、豆腐干。其制作比较方便，快捷。其味微辣咸鲜、肉片油润化渣，豉香浓郁。

注意 1. 使用腿尖肉。
2. 切片大而薄。
3. 炒时火不要太大。

家常千张

材料　主：千张皮 2 张。

辅：韭菜 50 克、半肥瘦肉 50 克。

调料　盐 5 克 、味精 10 克、豆瓣 10 克、姜末 10 克 、豆粉 10 克、料酒 10 克 、花椒粉 5 克。

做法　1. 千张皮切韭菜叶宽、4 厘米长，韭菜切 4 厘米长，猪肉煮熟切二条丝，豆瓣剁碎。

2. 千张汆水后，用清水漂洗。

3. 锅里下油炒豆瓣，姜末，猪肉丝，加料酒，掺鲜汤烧开，打去浮沫。

4. 下千张，烧至千张入味，再下韭菜，加盐、味精调味，勾芡、装盘，撒花椒粉。

特色　千张绵软，韭菜浓香，肉丝鲜美，是一道营养丰富、口感极佳的好菜。

土豆烧肥肠

材料 主：肥肠 500 克。

辅：土豆 300 克。

调料 豆瓣酱 20 克、干辣椒节 20 克、干辣椒面 20 克、干花椒 10 克、胡椒面 10 克、盐 5 克、姜米 20 克、蒜米 20 克、白糖 20 克、味精 20 克、鸡精 10 克、生抽 2 茶匙、香油 1 茶匙 、三柰 2 克、八角 2 克、香叶 2 克、草果 1 个、桂皮 2 克、白酒适量。

做法

1. 用豆渣将肥肠两面反复搓洗，清漂。
2. 将洗干净的肥肠切成寸节，再加白酒焯水，然后沥干备用。
3. 将去皮的土豆切块。
4. 锅里下油，放入干辣椒节、干花椒、干辣椒面、姜米、蒜米炒香，炒香后加汤熬出味，再去渣。
5. 然后下香料（三柰、八角、香叶、草果、桂皮）、肥肠、胡椒面、盐同烧，烧的时候加入适量白酒。
6. 等肥肠烧灺后，下土豆一同烧一刻钟，拣出香料，加生抽，再加香油、味精、鸡精翻转起锅。

特色 肥肠绵软，土豆爽口。

蚂蚁上树

材料　主：粉丝 150 克、五花肉 50 克。

调料　豆瓣 20 克、盐 1 克、味精 5 克、葱花 20 克、姜末 10 克、料酒 1 茶匙。

做法　1. 先把五花肉切细末（不能用绞肉），豆瓣剁碎，将粉丝泡发 5 分钟，捞出。

2. 锅内下 100 克油，烧至三成热，下剁细的豆瓣炒香，再下猪肉末、姜米、料酒，煸至肉末酥香发红，掺汤，下粉条调味，烧干收汁，加香油、味精，翻炒起锅，撒葱花。

可以用浅石锅烧烫，把炒好的成菜倒入，既可保温，又可使成菜干香。

特色　粉丝绵软 Q 弹，干香入味，肉末鲜香，是一道点击率超高的经典川菜。

注意　如果有条件，用不粘锅反复翻炒，粉丝炒香且不起团。

狗钻洞

材料 主：五花肉 100 克、空心菜梗 150 克、青椒 50 克、青豆 50 克。

调料 盐 10 克、味精 10 克、美极 2 克、老姜 10 克、白糖 10 克、料酒 1 茶匙。

做法
1. 将五花肉切细丁、姜切细末、空心菜梗切 1 厘米长节、青椒切细丁。
2. 锅里倒油，三成热时下肉丁、姜末、青豆、盐同炒，炒至出油，依次放料酒、白糖、美极、味精、青椒、空心菜梗，翻炒后装盘。

特色 菜脆、肉韧、清香可口。炒熟后肉、青豆钻进空心菜梗里，寓意“狗钻洞”。

注意 吃空心菜，一般家庭都嫌菜梗老，将其扔掉，其实它是宝，含钙量高，与肉、青豆合炒，营养丰富，容易吸收。

肉末茄子

材料　主：茄子 300 克。

辅：半肥瘦肉 100 克。

调料　盐 10 克、姜 20 克、蒜米 20 克、豆瓣 20 克、糖 10 克、味精 10 克、鸡精 10 克、葱花 10 克、醋半茶匙、胡椒粉 2 克、香油半茶匙、芡粉 10 克。

做法

1. 先将茄子直刀剞花，改刀成块，半肥瘦肉切细末。
2. 用油拉茄块，茄块拉软后起锅。
3. 下油，将肉末炒香，加姜米、蒜米、豆瓣；加水，下茄子块烧透。
4. 调味：鸡精、味精、白糖、胡椒粉入锅调味。
5. 芡粉加水调湿，勾芡，加香油、加小半勺醋翻匀，起锅，加葱花。

特色　茄子软糯、肉末香韧、口感搭配好。

泡豇豆炒肉丁

材料 主：泡豇豆末 200 克。

辅：五花肉 50 克。

调料 鲜辣椒 20 克、泡姜 20 克、泡椒 20 克、盐 1 克、料酒半茶匙、白糖 5 克、姜末 10 克、味精 10 克。

做法 1. 将泡豇豆、鲜椒切成 0.5 厘米的丁，泡椒、泡姜切末，肉切细丁。

2. 锅里油烧至五成热，下姜末、肉丁、盐一起翻炒至肉丁出油，下泡辣椒、泡姜炒香出味，倒入料酒，放白糖，味精调味，下鲜辣椒，翻炒后倒入泡豇豆末翻转起锅。

特色 鲜香爽口。

注意 泡豇豆下锅，快速翻炒均匀就起锅，久炒，泡豇豆会软，影响口感。

小煎肉

材料 主：五花肉 150 克。

辅：青二金条椒、红二金条椒各 20 克。

调料 姜片 10 克、盐 2 克、生抽 1 茶匙、老抽半茶匙、味精 10 克、大蒜片 20 克、料酒 1 茶匙、白糖 5 克。

做法 1. 五花肉切厚 0.3 厘米、高 2.5 厘米、宽 2.5 厘米片，盐、姜片码味。

2. 青、红二金条切马耳朵。

3. 油加热后倒入肉片，炒至变色后加入生抽、老抽、料酒、蒜片；加入一点上汤或水，盖上锅盖，水分干后加青、红椒辣椒翻炒，加白糖、味精调味翻转即可出锅。

特色 这道菜是湘菜的名菜，在川菜中略有微调，微辣鲜香、辣椒艳丽。

烧椒猪肝

材料 主：猪肝 150 克。

辅：青二金条椒 200 克。

调料 盐 5 克、豆瓣酱 10 克、味精 10 克、胡椒粉 2 克、芡粉 20 克、鸡蛋 1 个、姜片 20 克、白糖 5 克、料酒 1 茶匙、香油 1 茶匙。

做法

1. 猪肝切成薄片清漂，挤干。
2. 加盐、姜片、料酒码味，清洗，挤干，加姜片、豆瓣酱、胡椒粉搅匀，蛋清加芡粉调成蛋清芡粉，放入猪肝片里拌匀。
3. 将青二金条椒在锅里炒至皮浅糊（不用油），温凉后撕条。
4. 锅里烧油至六成热，将码好味的肝片滑散，倒料酒，放白糖，味精调味，放烧椒条，翻转，加香油起锅。

特色 猪肝鲜嫩、辣椒糊香，效果相得益彰。

处理猪肝小窍门：

1. 猪肝急冻半小时后便于切薄片；
2. 尽量漂洗，可以去除部分嘌呤和毒素；
3. 变色即可起锅，成菜脆嫩。

肝腰合炒

材料　主：猪腰 1 个、猪肝 50 克。

辅：水发木耳 20 克。

调料　泡红辣椒节 50 克、泡姜 30 克、生姜 10 克、蒜 20 克、大葱 1 根、精盐 1 克、豆瓣酱 20 克、酱油 1 茶匙、醋小半茶匙、白糖 5 克、料酒 1 茶匙、干芡粉 15 克、味精少许。

做法

1. 将猪腰去腰臊，剞斜刀再切成凤尾，猪肝切薄片，豆瓣酱剁碎。切好的肝、腰加微盐、豆瓣酱、料酒、干淀粉码味腌制。
2. 泡姜切节，生姜、蒜切成薄片，葱切马耳朵。
3. 木耳焯水待用。
4. 热锅，下油，高温火爆肝腰，发白后捞起摊开备用。
5. 将泡椒煸炒至油红，下泡姜末、蒜片、料酒，下肝、腰，调味，放白糖、醋、味精、葱、木耳，炒匀起锅。

特色　肝腰嫩滑，家常味浓。

注意

1. 所有材料提前准备好，从肝腰下锅到出锅，一气呵成，以保证肝腰的脆爽。
2. 火大油多，快炒快翻。

泡椒黄喉

材料 主：涨发黄喉 300 克。

辅：西芹 150 克。

调料 泡红辣椒节 60 克、泡姜 30 克、蒜 20 克、精盐 1 克、豆瓣酱 20 克、大葱 1 根、酱油 1 茶匙、醋小半茶匙、白糖 5 克、料酒半茶匙、干淀粉 10 克、味精 5 克。

做法

1. 将黄喉切成凤尾，豆瓣酱剁碎。
2. 姜、蒜切成末，芹菜分条后斜切，大葱切马耳朵。
3. 热锅倒油，烧至八成热，黄喉高温火爆后捞起备用。
4. 炒泡椒、豆瓣酱煸炒至油红，下姜、蒜、料酒，下黄喉、芹菜，调味，放白糖、醋、味精、葱，炒匀起锅。

特色 黄喉脆爽，泡椒鲜香。

注意 黄喉不能久炒，以免出水后发软。要高温油多火爆，快炒快起锅。

泡椒杂拌

材料　主：猪肝 50 克、猪腰半个、肚头 50 克、熟半肥瘦肉 50 克。

辅：水发木耳 20 克、笋片 20 克、大葱 20 克。

调料　泡椒 20 克、盐 10 克、料酒 2 茶匙、白糖 5 克、醋 2 克、姜片 20 克、豆瓣酱 10 克、味精 10 克、生抽 1 茶匙、芡粉 30 克。

做法

1. 猪肝去筋切薄片，猪腰去臊切凤尾，肚头去油筋切花，熟肉整理改刀切指甲片。
2. 肝、腰、肚头加盐、生抽、姜片、葱叶、料酒 1 茶匙码味。
3. 水发木耳撕片，同笋片焯水，大葱节切马耳朵，豆瓣剁碎，泡椒 20 克切碎。
4. 白糖 10 克、醋半茶匙、味精 10 克、水芡粉 10 克、料酒 1 茶匙、开水 1 汤勺兑成滋汁。
5. 肝、腰、肚头码味后加 20 克干芡粉配置的水芡粉拌匀。
6. 锅里倒油，倒入肝片、腰片、肚头花、肉片炒散籽，拨开，加泡椒末、豆瓣炒香后加木耳、笋片，倒入滋汁，下葱起锅。

特色　鲜香微辣 脆嫩爽口。

注意

1. 醋不能放多，只几滴调味。
2. 油温高，油多，码味时，原料水分要达到松软，原料太干，下锅后在高温下容易起坨。

家常肝片

材料 主：猪肝 200 克。

辅：大葱 1 根、青、红椒各半个。

调料 盐 2 克、豆瓣酱 10 克、泡椒 20 克、泡姜 20 克、味精 10 克、干豆粉末 10 克、鸡蛋 1 个、姜片 20 克、白糖 5 克、醋 1 茶匙、料酒 1 茶匙、香油 1 茶匙。

做法

1. 猪肝切成片清漂，加盐、姜片、料酒码味，清洗，挤干。
2. 加盐、姜片、剁碎豆瓣酱、胡椒粉搅匀，加蛋清豆粉裹。青红椒切块，泡椒、泡姜切末，白糖、醋、味精、料酒、芡粉兑滋汁。
3. 锅里烧油至六成热，下青、红椒在油里拉半熟捞出，将油温升高，把码好味的肝片滑散，倒滋汁翻转，下青、红椒，加香油起锅。

特色 猪肝脆嫩，家常味浓郁。

南瓜粉蒸肉

材料　主：五花肉 400 克。

辅：蒸肉粉 250 克、南瓜半个。

调料　盐 5 克、姜末 10 克、白糖 15 克、豆瓣酱 20 克、甜面酱 20 克、鸡精 10 克、花椒面 5 克、葱花 20 克、香菜 15 克。

做法

1. 先将五花肉洗净，切片。
2. 加盐、料酒、姜米，再加剁碎的豆瓣、甜酱、白糖、鸡精，码味 15 分钟后再加蒸肉粉、水。加水的量以加粉后 5 分钟，手抓一把和好的肉握住，见有水滴慢慢滴出来为度。
3. 和水米面发涨约 10 分钟后，上锅大火蒸熟。
4. 将蒸熟后的肉装入掏去瓜瓤的南瓜内再蒸 15 分钟，放香菜即可（家庭做可以用微波炉打 10 分钟）。

注意

1. 码味时，一定要加水，蒸出来肉才滋润。
2. 水要合适，水太多，蒸出来肉不成型，水太少，肉会发干起面沙，口感不好。
3. 蒸熟后铺鲜豌豆即成青圆粉蒸肉。

酸笋蒸肠头

材料 主：大肠头 500 克。

辅：泡酸笋 200 克、蒸肉粉 250 克。

其他：豆渣 200 克、白醋 20 克。

调料 盐 30 克、姜米 20 克、料酒 20 克、白糖 10 克、豆瓣 30 克、辣椒面 10 克、甜面酱 20 克、干花椒 5 克、鸡精 10 克、花椒面 5 克、香菜 10 克、白醋 2 茶匙。

做法

1. 用豆渣将肠头两面反复搓洗，清透后加 25 克盐，20 克白醋搓洗清漂后沥水。
2. 将肠头切滚刀。
3. 加盐 5 克、剁碎的豆瓣、料酒、姜米、花椒、辣椒面、甜酱、蚝油、鸡精码味 15 分钟后再加蒸肉粉、水。记住，只需加少量水。
4. 半小时后酸笋垫蒸笼底，肠头放上铺好，上笼蒸 1 小时。
5. 放香菜上桌。

特色 肠头 Q 弹，麻辣鲜香。

注意

1. 码味时间至少要 10 分钟。
2. 水要合适，大肠水分比较多，加水量比较少，大约是粉蒸肉的二分之一。

粉蒸肉的蒸前处理：

粉蒸肉的水分很重要，水少了会干沙沙的，水多了糨糊糊的。最好的办法是将所有调料加入码味 10 分钟后加粉。肉、粉比例是 1:0.6，肥肠因缩水严重，粉的比例稍减。加粉后加清水，水的湿度以手轻轻握住滴出水滴为度，然后发涨 10 分钟后再上笼蒸，蒸出来的肉就很合适。

臊子脑花

材料 主：猪脑 2 个。

辅：半肥瘦猪肉末 100 克。

调料 姜末 10 克、姜片 10 克、葱节 50 克、豆瓣酱 10 克、辣椒末 20 克、酱油 20 克、香醋 5 克、白糖 5 克、精盐 5 克、胡椒粉 10 克、香油半茶匙、味精 2 克、小葱花 20 克、鲜汤 1000 克。

做法

1. 将猪脑摊在手上，用牙签挑去微血管（血丝）。
2. 坐锅烧油，下猪肉末、姜末炒香，放盐、料酒，铲起。
3. 下葱节炒香，放豆瓣酱、辣椒末煸炒，加水熬汤 10 分钟，滤去渣。调味，放酱油、香醋、白糖、精盐、胡椒粉、味精，下猪脑，小火慢烧至汤浓稠，淋香油，起锅，装碗，撒小葱花。

特色 脑花鲜嫩，入口化渣。

注意 脑花胆固醇很高，中老年人不宜吃。

火爆肚头

材料 主：猪肚头 150 克。

辅：水发木耳 30 克、竹笋片 35 克。

调料 泡辣椒 15 克、姜片 5 克、蒜片 5 克、葱 15 克、精盐 4 克、味精 3 克、料酒半茶匙、胡椒粉 2 克、香油半茶匙、芡粉 50 克、鲜汤适量、化猪油 600 克（约耗 150 克）。

做法

1. 将猪肚头洗净，除去油筋，剞十字花刀（深至肚头的 2/3），再切成边长约 2 厘米的菱形块，放入碗，用精盐、料酒、水芡粉拌匀上浆。
2. 水发木耳撕片焯水，竹笋片焯水后改刀，泡辣椒和葱均切成马耳朵，另用盐、料酒、味精、胡椒粉、香油、水芡粉、鲜汤在碗中兑成汁待用。
3. 净锅置旺火上，炙锅后下化猪油烧至七八成热，下入肚头爆散，至肚头开花时，倒掉余油，立即下姜片、蒜片、葱、泡辣椒、木耳、笋片等炒匀，烹入汁，翻匀，起锅装盘。

特色 形色美观，质地脆嫩，咸鲜微辣。

操作关键：

1. 加工时将肚头与肚皮割断之后，去尽杂质、皮和油筋。
2. 肚头上剞花刀、切片要均匀，肚头容易成熟，不结团。
3. 烹制时旺火热油，一气呵成，成菜脆嫩。
4. 烹制前必须要先调好滋汁，以便在烹制时能迅速地倒入，并使原料迅速而均匀地裹上芡汁；调制滋汁时应掌握好汤汁与水淀粉的比例，以达到“稠而不干，油宽滚润”的成菜效果。
5. 烹制时，原料下锅后要不停地翻动，以使原料受热均匀并快速成熟。下配料、烹入滋汁，翻匀、起锅、动作要迅速，一气呵成。

这道菜在火候掌握上有一定难度。

火爆腰花

材料 主：猪腰 2 个。

辅：水发木耳 50 克 、西芹 30 克。

调料 泡椒 100 克、姜片 20 克、蒜片 20 克、豆瓣酱 10 克、胡椒粉 5 克、味精 10 克、盐 2 克、白糖 5 克、干细芡粉 50 克。

做法

1. 猪腰对剖，剔去腰臊，剞斜刀，再直刀，三刀一断成凤尾状。
2. 泡椒切节，豆瓣酱剁碎，芹菜切斜刀，木耳去蒂撕片。
3. 将豆瓣酱拌在腰花里，干细芡粉拌匀。
4. 芹菜、木耳焯水沥干。
5. 胡椒粉、白糖、味精，5 克干芡粉、100 克汤兑成滋汁。
6. 锅里倒油 150 克烧八成热，下腰花翻炒，翻花后下泡椒节、姜片、蒜片翻炒，倒入滋汁炒匀，下木耳、芹菜翻转起锅。

特色 花型美观、咸鲜脆嫩。

注意 腰臊剔净，剞花刀要深、要透，尽量加大斜度。

干煸四季豆

材料 主：四季豆（豆角）200 克。

辅：半肥瘦肉末 50 克。

调料 盐 10 克、姜末 10 克、宜宾芽菜 20 克、料酒 1 茶匙、味精 10 克、干辣椒节 5 克、生抽半茶匙、香油半茶匙。

做法

1. 将四季豆掐成 8 厘米左右长短，肉末用少量水解散。
2. 锅里下油 200 克，放入四季豆，炸至表面皱皮捞出。
3. 锅里留油 50 克，下干辣椒酥香后，关小火炒肉末同时放姜末，将肉末炒散，再加芽菜翻炒香，放入四季豆，加盐翻炒，放生抽、味精继续翻炒，放香油翻转起锅。

特色 辣椒焦香，芽菜浓香与肉末酥香、四季豆清香交织，口感非常好。

注意

1. 四季豆一定要烧熟，否则容易中毒。
2. 芽菜不能炒太干，保留其脆香感。
3. 肉末加水解散，以免下锅成坨。

肉末茄花

材料 主：肉末 50 克、长茄子 300 克、红辣椒 1 个。

调料 盐 2 克、姜末 10 克、生抽 1 茶匙、鸡精 10 克、胡椒粉 5 克、蚝油 1 茶匙、芡粉 10 克。

做法

1. 将长茄子切成 8 厘米长的节，直刀切 0.5 厘米小块若干，切口到茄子的三分之二处，切 12 节。红辣椒片去内瓤切细末。
2. 锅里烧油五成热，将茄子刀口面下到油里稍稍炸软摆放到平盘里，用筷子把炸软的部分拨开成菊花形，放蒸锅里蒸 15 分钟。
3. 另起锅，放混合油，冷油下锅，炒姜末、肉末，炒散后加水 200 克、蚝油、生抽、鸡精。下水芡粉打薄芡淋在茄花上，将红椒丁放在花心上即可。

特色 成菜漂亮想，做法简单，味道鲜美，老少皆宜。

红烧狮子头

材料 主：眉毛肉 200 克（可用前夹肉，肥瘦各半）。

辅：藕 100 克（可用荸荠），土司末 50 克。

调料 盐 5 克、白糖 10 克、干花椒 5 克、姜末 10 克、蚝油 1 茶匙、老抽半茶匙、生抽半茶匙、麻油半茶匙、白胡椒粉 5 克、2 个鸡蛋、大葱 20 克、生粉 20 克、姜片 20 克、八角 1 颗、桂皮拇指头大一块、鲜汤 1000 克。

做法

1. 肥瘦适中的猪肉糜里加入适量黄酒，5 克食盐，在菜板上摔哒，摔出胶质，使其粘稠。
2. 花椒用开水泡汁，大葱用凉水泡汁。
3. 将摔打好的肉糜里加入白糖、花椒水 1 茶匙、葱水 1 茶匙、姜末、麻油、白胡椒粉、鸡蛋、莲藕碎、土司末、生粉，然后，朝着一个方向搅拌成馅。
4. 热锅烧油，油大约七成热时，将拌好的馅搓捏圆入油锅炸，炸至微黄成型即可，捞出，沥出油，待用。
5. 锅内放少许油，润润锅，入姜片、八角、桂皮爆香，再入老抽、生抽、白糖、加开水，煮沸。
6. 煮沸后，将狮子头放入锅内汤中，水淹住肉丸，大火煮开后，转小火煮 30~40 分钟，至滋汁收干即可。

特色 肉丸入味香浓，不油腻。

注意

1. 丸子定形时要油多，油量要淹住肉丸，否则炸时会扁塌。炸时要反复滚动使其圆滑。
2. 定形后要小火慢烤直到烤熟，一般要 1 小时左右。

生煎抄手

材料　主：猪肉末 50 克。

辅：抄手皮 100 克、鸡蛋 1 个、莲藕末 20 克。

调料　胡椒粉 2 克、盐 5 克、姜末 5 克、大葱末 5 克。

做法

1. 姜末、葱末泡水。
2. 猪肉末，加入盐、鸡蛋与 25 克姜葱水朝一个方向使劲掺，直到肉糜吸收掉所有水分黏稠，加入莲藕末拌匀。
3. 包成抄手。
4. 放煎锅里一个挨一个摆一圈，里面再压住外圈摆成一朵花，加油 20 克、水 100 克，盖上盖子，开中火至上汽，小火续煎。听到水干后有油爆响的声音，再煎 1 分钟，翻扣倒入大盘子即可。

特色　皮酥肉嫩，香气浓郁。

家的味道

美食

第二部分

鱼香味

HOME COOKING

鱼香味是家庭和餐馆都喜欢选择的一个重要味型，也是四川首创的。鱼香味的特点是咸甜酸辣鲜兼备，姜葱蒜味浓郁，鱼香菜品几乎是人人都爱吃，家家都喜做的，鱼香味又几乎可以用于所有食材上。

在调制过程中，有几点必须做到：

（1）必须有泡红辣椒，可以说：没有泡红辣椒，调不出正宗的鱼香味。

（2）糖和醋的用量不能过多，也不宜过少，以免影响鱼香味的口感。

（3）先下泡红辣椒末，炒制出红油或飞皮，再下姜、蒜炒香，糖、醋、酱油按比例搅匀后，加水芡粉调好备用。葱临起锅前才加入。

（4）各调料之间的比例要掌握好。一般为葱 5、泡红辣椒 4、泡姜 3、蒜 2、盐 1（码肉用）；醋 3、糖 2、酱油 1，勾汁芡粉适量，一般炒一盘鱼香肉丝用 5~10 克干芡粉发湿兑成芡汁。

1. 用于烧烩菜的鱼香味。

主要用鱼、豆腐等水分少、质地柔软的材料，小火收汁，复合味浓，色、香俱佳。

原料：泡红辣椒末 20 克、郫县豆瓣 10 克、姜米 10 克、蒜米 20 克、葱颗 30 克、精盐 2 克、胡椒粉 1 克、料酒 25 克、酱油 15 克、白糖 25 克、醋 20 克、味精 2 克，水淀粉 20 克，鲜汤适量，红油 30 克。

制法：先将主料加工好。净锅置火上，下色拉油烧热，先下泡红辣椒末炒香出红色，再下姜、蒜米炒出香味，随即加入鲜汤，放入主料，调入盐、胡椒粉、料酒、酱油、白糖和三分之二的醋，烧、烩至主料熟透之后，再调入三分之一的醋和味精，用水淀粉勾芡，淋入红油，撒入葱颗，推匀起锅即成。

特点：色泽红亮，鱼香味浓，主料质地细嫩。如鱼、豆腐等。

2. 用于凉菜的鱼香味。

鱼香味用于凉菜，色泽红亮、微辣酸甜、复合味浓郁，几乎所有能做凉菜的食材都可以用鱼香味调制，基本调制方法如下。

材料：油酥泡红辣椒末 30 克、姜茸 15 克、蒜泥 20 克、葱花 15 克、葱末 20 克、芝麻酱 10 克、花生酱 10 克、精盐 2 克、酱油 15 克、醋 20 克、白糖 25 克、味精少许、香油 10 克、红油 30 克。

制法：将芝麻酱、花生酱放入一容器中，先用香油解散，再依次加入油酥泡红辣椒末、姜茸、蒜泥、白糖、醋、盐、酱油，调匀后再加入葱末、味精、红油拌匀，淋在主料上，撒上葱花即可。

特点：色泽红亮，咸甜酸辣兼备，姜葱蒜味浓郁，用于凉菜，如鸡片、肚片、茄子、素肉等。

鱼香肉丝

材料 主：腰柳或者里脊（100~150 克）。

调料 大葱 50 克、泡红辣椒末 40 克、泡姜 30 克、蒜米 20 克、姜片 5 克、盐 2 克、酱油 1 汤匙、醋 3 汤匙、白糖 30 克、料酒适量、芡粉 30 克（10 克用于芡汁）、鲜汤适量，味精少许。

做法

1. 将肉切成丝，加盐、姜片、料酒码味，芡粉腌制。
2. 泡椒、姜、蒜切末、蒜切成颗粒。
3. 勾兑滋汁：先放白糖、醋，再放酱油、芡粉、料酒、汤水搅匀（融化后要尝一下糖醋味是否合适）。
4. 热锅，下油滑肉丝（肉丝达到七、八成熟，肉翻白即可），捞起备用。炒泡椒至翻皮、油红，下姜、蒜、料酒，加入肉丝，烹入滋汁翻转，下葱颗炒匀起锅。

特色 特点：肉丝滑嫩，鱼香味浓。

鱼香茄盒

材料 主：长茄 2 个、猪肉末 100 克。

辅：鸡蛋 2 个。

调料 盐 5 克、大葱 100 克、泡椒末 80 克、泡姜末 60 克、蒜米 40 克、白糖 30 克、醋 6 茶匙、生抽 1 茶匙、老抽 1 茶匙、料酒 1 茶匙、干芡粉 200 克、味精 10 克。

做法

1. 在肉末中加盐、姜末码味备用。
2. 鸡蛋掺散与干豆粉调成蛋糊。
3. 将茄子切成两刀一片，抹上少许干豆粉，放进适量的肉馅，再合上茄片即成盒子。
4. 锅里下油 500 克，至五成热时，茄片裹匀蛋糊入油锅中炸至淡黄色捞出。
5. 油温稍高后下茄盒炸至金黄色捞出摆盘。
6. 锅中留油 50 克，放泡椒炒至油红，放姜米、蒜米、大葱炒香，掺汤熬煮去渣，放入糖、醋、生抽、老抽，勾水豆粉将汁收浓，淋在茄盒上即可。

特色 茄盒柔润、绵软，鱼香味浓。

江津肉片

材料 主：去皮半肥瘦腿肉一块（约半斤）。

辅：水发木耳。

调料 盐 10 克、料酒 1 茶匙、干芡粉 50 克、鸡蛋 1 个、白糖 20 克、醋 2 茶匙、酱油 1 茶匙、泡椒末 40 克、姜末 30 克、蒜末 20 克、马耳朵葱 50 克。

做法

1. 将肉切片，用盐、料酒码味，木耳焯水。
2. 加蛋、芡粉拌匀，牵开片，沾干粉，下油锅炸成金黄色捞出，油烧热后再复炸捞出。
3. 锅肉留少许油，下泡椒炒出红油，下姜末、蒜末炒香，白糖、醋、酱油、淀粉调汁烹入，下木耳、肉片翻转，下葱颗翻匀起锅。

特色 肉片外酥里嫩，木耳滑脆，鱼香味浓。

桃仁肉花

材料 主：里脊肉150克。

辅：核桃仁100克。

调料 泡红辣椒末80克、泡姜60克、蒜米40克、葱颗100克、姜片10克、精盐5克、酱油1汤匙、醋3茶匙、白糖2茶匙、料酒适量、水淀粉10克、干芡粉200克、鲜汤半碗、味精少许。

做法
1. 里脊肉切1.5厘米厚片，剞花刀改刀1.5厘米方块。
2. 加盐、姜片、料酒码味，芡粉上浆。
3. 桃仁焯水撕去黑皮。
4. 锅里下油，桃仁冷油下锅中小火翻炒，颜色稍有翻黄捞出装盘。
5. 关火5分钟，油温稍降，开火。
6. 上浆后的肉块扑细芡粉，抖去浮粉，张开的一面瓣开下锅，炸定形捞出。
7. 全部炸好后，回锅抢炸至金黄色捞出，将桃仁铺在肉花上。
8. 姜、蒜切成颗粒，泡椒切末。
9. 勾兑滋汁：先放白糖、醋，再放酱油、芡粉、料酒、汤水搅匀（融化后要尝一下糖醋味是否合适）。
10. 炒泡椒至翻皮、油红，下姜、葱、蒜末，加水熬煮2分钟，捞出调料留汁，加料酒两勺，烹入滋汁翻转，淋在肉花上。

特色 此菜为鱼香味，去渣，菜品干净，色泽红亮，桃仁酥脆、肉花外酥里嫩。

注意 滋汁浓度要把握好，不能起坨。

家的味道

美食

第三部分 咸鲜味

HOME COOKING

咸鲜味是家庭菜中用得最多的味型之一，老少皆宜。适用于家禽、家畜、山珍、海鲜、蔬菜、瓜果、豆制品等的烹制。按照不同菜肴的特点，大致可分为白油咸鲜、本味咸鲜、酥香咸鲜、香油咸鲜、盐水咸鲜五种，主要调料离不开胡椒。

白油咸鲜：特点是色泽素雅，白油白汁，清香宜人。调料用盐、胡椒粉、味精，按照成菜要求，有的酌加泡辣椒、姜、蒜或香油。菜肴多为热菜，主要有汤菜、炒菜、烧菜、烩菜等。

本味咸鲜：特点是咸鲜清淡，突出本味，调味常用盐、胡椒粉、味精，另辅以料酒、姜、葱去腥增香。突出原料本身的鲜美清香味，味精用量不宜过多。主要用于蒸菜、煮汤、烩菜、烧菜等。

酥香咸鲜：特点是酥香细嫩，香脆松软，色泽多样，咸香醇厚。调料用盐、胡椒粉，以及一些配料。采用炸、锅贴、烤的方法。

香油咸鲜：特点是清淡适口，鲜香醇厚。用于凉菜多。一般是将已熟原料处理成丝、丁、片、块装盘，将盐、酱油、味精、香油调匀，淋于菜肴上。原料色泽鲜明。

盐水咸鲜：特点是色泽洁净，清淡鲜美。菜肴比较单一，用蒸（煮）的方法成菜。将原料汆水去血腥味，用盐、胡椒粉、花椒、姜、葱、料酒码入味约 1 小时，入笼用旺火蒸熟取出。原料冷后改刀装盘，淋上香油或原汁。

黄豆芽肉饼汤

材料　主：猪肥瘦肉末（肥 3 瘦 7）100 克。

辅：黄豆芽 100 克、冬菜 50 克、荸荠 50 克。

调料　盐 10 克、白糖 5 克、胡椒粉 5 克、生抽半茶匙、姜末 10 克、姜片 10 克、葱节 30 克、鸡精 10 克、香油半茶匙、糯米粉 30 克、鸡蛋 1 个。

做法

1. 荸荠去皮剁碎，冬菜切节待用。
2. 将肉末加盐 10 克，在碗里摔捏，肉末成团后，加胡椒粉 2 克、生抽、香油、白糖、鸡精、姜末、蛋清搅匀，加入荸荠末、糯米粉、做成馅料。
3. 锅内加汤，入胡椒粉 3 克、姜片、葱节熬煮，放黄豆芽熬煮半小时，捡出姜片、葱节，倒入大碗内，汤量齐豆芽平，把豆芽压平。
4. 把馅料做成比碗小点的圆饼，平放在豆芽上蒸半小时即可。

特色　肉香、汤鲜、营养丰富。

注意　饼做 1.5 厘米厚即可，太薄容易烂，太厚不容易蒸熟。

白肉连锅汤

材料 主：二刀腿肉 200 克。

辅：白萝卜 500 克。

调料 盐 20 克、姜片 20 克、生抽 20 克、辣椒面 20 克、豆瓣酱 100 克、白糖 5 克、味精 20 克、大葱节 50 克、香油 5 克、香菜 20 克、干花椒 2 克、花椒面 5 克、小葱花 20 克。

做法

1. 腿肉切 6 厘米宽、0.3 厘米厚的片，萝卜切 6 厘米宽、0.5 厘米厚的片，豆瓣剁碎。
2. 锅里放猪油 50 克，四成油温时放葱节、姜片煸炒香。
3. 加冷水后放入肉片、花椒，汤开后熬煮 20 分钟，下萝卜煮 20 分钟，加入味精 10 克，起锅放香菜。
4. 另起锅，倒菜油 100 克，烧熟后关小火，倒入辣椒面翻炒，加剁碎的豆瓣酱、白糖、味精、生抽，铲起后放香油、小葱做成蘸碟。

特色 肉片爽口，萝卜化渣，蘸碟香鲜。

注意 煸姜片、葱节时火不要大，不能炒糊，保持原汤清亮干净。

冬菜烧白

材料　主：猪五花肉 1 块（约 250 克）。

辅：冬菜。

调料　干花椒 5 克、白糖 15 克、盐 2 克、姜米 15 克、醋半茶匙、白酒 1 茶匙、老抽半茶匙、生抽 1 茶匙。

做法

1. 先将猪五花肉下到锅里汆一下水，定形。
2. 在肉皮上抹上醋、老抽和白酒兑的汁。
3. 下油，烧至五成热，油温不要太高，要慢慢炸，让肉的油慢慢渗出来，这样做，吃起来才不油腻。
4. 肉慢慢炸黄后，在汁里浸泡后再炸一次，捞出放在开水中泡，直到肉皮发软，汤自然凉，切的时候才能保证肉和皮不分离，而且蒸熟后会皱皮，看上去不腻。
5. 把肉切成片，摆放在碗里，下油炒冬菜，再下几颗花椒同炒，炒好后备用。
6. 把姜米、生抽、白糖兑成汁，慢慢淋在切好的肉片上码匀，把炒好的冬菜放在肉上面，一同上锅蒸八成炬，吃时再回锅蒸，更入味。
7. 蒸好后，将肉倒扣在盘子上即可。

特色　冬菜浓香，烧白炬糯，咸鲜适口。

佳藕天成

材料 主：莲藕 1 节，肉末 50 克。

调料 姜末 5 克、鸡精 5 克、盐 20 克、蚝油 1 茶匙、芡粉 10 克。

做法 1. 将 15 克盐兑水，莲藕刮皮后切 0.8 厘米厚的片，切好后泡在盐水里。

2. 肉末加盐 5 克、鸡精、姜末搅拌成馅。

3. 把馅抹在藕洞里，两面都抹，上蒸笼蒸半小时。

4. 垫上荷叶，取出摆盘，用鸡精、蚝油、湿芡粉制成薄芡，勾在藕片上。

特色 莲藕清脆，肉末鲜香。

香肠炒鸡蛋

材料　主：熟香肠1节。

辅：生鸡蛋4个。

调料　白糖5克、味精5克、盐1克、料酒1茶匙、姜片5克、蒜苗50克。

做法　1. 将熟香肠切0.3毫米厚的片（比单吃香肠厚一点），蒜苗切马耳朵，姜切薄片。

2. 锅里下油烧热，鸡蛋放盐（一定不要超过1克，俗话说的毛毛盐），掺散起泡，倒入油中，凝固时铲成与香肠大小的块，拨在锅边，下香肠、姜片、白糖、料酒翻转，加入蒜苗，味精炒香后起锅。

特色　色泽艳丽，成菜漂亮。

注意　1. 如果是春节用吃剩的香肠，因为片薄，下香肠后要关小火，翻转要快，否则容易卷片，形状不好看。这也是处理节日剩菜的一个办法。

2. 可以用青、红椒炒香肠，营养结构更好，成菜更漂亮。

3. 如果香肠太咸，鸡蛋可以不放盐。

白豌炖猪蹄

材料 主：土猪肉猪蹄 1 只。

辅：大白豌 200 克。

调料 姜块 20 克、盐 20 克、干花椒 10 克、生抽 20 克、辣椒面 20 克、醋半茶匙、白糖 5 克、味精 20 克、香油 5 克、香菜 20 克、花椒面 5 克、小葱花 20 克、料酒 2 茶匙、清水 3000 克。

做法

1. 猪蹄烧毛后刮洗干净，宰块，加料酒焯水，清洗，沥干。
2. 豌豆用清水搓洗干净。
3. 锅里加水 3000 克，冷水放入洗净的猪蹄，煮开后打去浮沫，老姜拍破与花椒、豌豆一起放入。
4. 大火炖开 5 分钟，中火炖 20 分钟，小火炖至豌豆刚张口，汤还剩三分之二加盐调味即可。
5. 倒菜油 50 克，烧熟后倒 20 克辣椒面到碗里，制成油辣子后倒生抽，加白糖、味精、花椒面、醋、香油、小葱，做成味碟。

特色 汤雪白浓酽、清香可口，味碟酸辣。

注意 豌豆不要炖太烂，炖太烂一是不香，二是汤不清爽，腻口。

豆芽炖大肚

材料 主：猪大肚 1 个。

辅：黄豆芽 500 克，扇子骨 2 块。

调料 盐 20 克、老姜 20 克、干花椒 5 克、小葱 20 克、生抽 20 克、辣椒面 20 克、豆瓣酱 100 克、白糖 5 克、味精 20 克、香油 5 克、香菜 20 克、花椒面 5 克、小葱花 20 克。

做法

1. 将大肚用豆渣搓揉洗净。
2. 把豆芽装进大肚里，有油的一面在外。
3. 汤锅底放 2 块扇子骨，装好豆芽的大肚放在扇子骨上，加水没过肚子，放老姜、干花椒，大火炖 20 分钟，小火炖 2 小时，捞出肚子，用刀划开，把豆芽倒进汤里，肚子稍凉后切条，放进汤里。炖开后盛碗，撒小葱花。
4. 另起锅，倒菜油 100 克，烧熟后关小火，倒入辣椒面翻炒加剁碎的豆瓣酱、白糖、味精，铲起后放生抽、香油、小葱，做成味碟。

特色 这是一道食补菜，健脾养胃，汤白浓香。

另外：较大的猪肚可以炖好后，切一半烩白油肚条。

五彩肉丁

材料 主：五花肉 50 克、嫩玉米粒 20 克、胡萝卜 20 克、红椒 20 克、青豆 30 克。

调料 盐 5 克、鸡精 5 克、姜米 5 克、白糖 5 克、香油 1 茶匙。

做法 1. 五花肉切 0.8 厘米丁，胡萝卜、红椒切 0.5 厘米丁。

2. 锅里水烧开将青豆、嫩玉米粒、胡萝卜丁，按顺序 1 分钟放 1 种，玉米粒煮 2 分钟，一起捞起沥干。

3. 锅里下油，放姜末、肉末、5 克盐一起炒，肉炒出油后，放入青豆、胡萝卜丁、嫩玉米粒、红椒粒翻炒，调味，加盐、白糖、鸡精翻转，淋香油起锅。

特色 色彩艳丽，营养丰富，口感多样。

干烧蹄筋

材料　主：猪蹄筋 400 克。

辅：猪肉末 100 克。

调料　盐 5 克、豆瓣 10 克、白糖 20 克、味精 20 克、姜末 20 克、姜片 30 克、葱节 50 克、料酒 1 茶匙、胡椒粉 5 克、生抽 1 茶匙、香油 1 茶匙。

做法

1. 锅内加清水、姜片、胡椒粉，将蹄筋煮软透心，捞出剔去油筋，改刀成寸半节。
2. 净锅下油，下肉末、姜末炒散，加豆瓣酱炒香，下蹄筋翻炒，加煮蹄筋的汤调入生抽、白糖小火慢烧。
3. 蹄筋烧熟、汁收干后，加葱节，调入香油、味精装盘。

特色　蹄筋软糯入味。

白菜肉卷

材料 主：猪肉末 100 克。

辅：莲白老叶 2 张。

调料 盐 2 克、姜末 5 克、料酒 1 茶匙、鸡蛋 1 个、细芡粉 50 克、美极鲜半茶匙、香油半茶匙。

做法
1. 将盐、料酒、姜末放入肉末使劲搅，搅上劲后加鸡蛋、芡粉、生抽。
2. 水烧开，把整张白菜叶烫软捞起沥干。
3. 在白菜叶上撒少许薄干芡粉，搅好的肉末成条状放菜叶边上，裹紧后封口处用细芡粉加肉末粘住，捏住两头往中间挤压紧。
4. 放屉子里蒸熟。
5. 斜刀切后排盘。

特色 成菜漂亮，口感细腻。

水晶宝珠

材料 主：肉末 100 克、瘦长萝卜 500 克。

辅：香菇 2 个、鸡蛋 1 个。

调料 盐 5 克、姜末 10 克、鸡精 10 克、胡椒粉 5 克、蚝油 1 茶匙、香油半茶匙、芡粉 10 克。

做法

1. 萝卜切 3 厘米厚的节，切成 8~12 个，挖空待用，芡粉加水发湿。
2. 肉末加盐、姜末、鸡蛋、香菇末、胡椒粉 2 克、鸡精 5 克，搅匀做成馅。
3. 将馅灌入萝卜盅里，放入笼里蒸 30 分钟。
4. 将蒸熟的萝卜盅摆在盘子里。
5. 锅里放猪油，姜末炒香加水，熬煮后捞去姜末，加胡椒粉、鸡精、蚝油、香油、水芡粉拉成薄芡，淋在萝卜盅上即可。

特色 这是一款冬季工艺菜，特别适合年夜饭，爽口，华丽。

金银肝

材料 主：鲜猪肝 2 块（约 350 克）。

辅：咸蛋黄 5 个、肥肉 50 克、韭菜 10 根。

调料 盐 30 克、干花椒 20 克、十三香 10 克、白酒 3 茶匙。

做法

1. 将猪肝用小刀在猪肝厚处戳穿一个洞，搅一圈，用盐、干花椒、十三香粉、白酒码 2 小时。
2. 韭菜在开水里烫一下备用。肥肉切 1 厘米方正的条。
3. 猪肝厚的部位用小刀戳洞灌入咸蛋黄，薄的部位戳洞灌肥肉条。
4. 灌蛋黄的地方戳眼用韭菜拴住。
5. 放蒸锅里蒸熟，挂通风处吹干。风吹干后猪肝收缩，紧包蛋黄和肥肉，形成金银肝。
6. 蒸熟切片摆盘。

特色 成菜漂亮，风味独特，口感优于风干猪肝。

注意 猪肝码盐后时间不要太长，否则容易脱水。

金蹄花

材料 主：猪蹄 500 克。

调料 盐 30 克、八角 1 颗、三奈 1 颗、砂仁 1 颗、三萘 2 颗、桂皮 1 小块、姜片 20 克、葱节 50 克、生抽 2 茶匙、蚝油一茶匙、白糖 10 克、味精 10 克、香油 10 克、白酒 1 茶匙 。

做法

1. 猪蹄烧皮刮洗干净，宰块，焯水，洗净，放盐 10 克、香料、姜片 10 克、白酒码味 1 小时。
2. 加少量水，用高压锅压熟或蒸熟，捡出香料。
3. 锅里烧油，制糖色，放姜片，葱节炒香，倒入熟蹄花翻炒，炒干水分后加炖蹄花的汤汁熬煮至汤浓稠。
4. 调味，调入生抽、味精、香油、收汁亮油，蹄花红亮，起锅装盘。

特色 猪蹄粑糯，色泽金黄，肥而不腻，口感绝佳。

家庭制糖色：（油制）

锅里倒油，将白糖冷油时倒下翻炒，白糖先成粗粒，再成浆状，关小火，看糖汁起泡浮起，将锅端离火口，全部浮起后加清水，开中小火熬煮到锅铲、锅边糖块全部融化（水是糖的 3 倍，到糖浓稠部分稀释成 2.5 倍即可）。

大千丸子汤

材料 主：猪肥瘦肉末（肥 4 瘦 6）250 克。
辅：冬菜尖 20 克、榨菜片 30 克、黄花 20 克、发木耳 30 克、粉丝 50 克、菜心 100 克。

调料 盐 5 克、胡椒粉 5 克、生抽 1 茶匙、姜末 10 克、姜片 10 克、花椒 10 克、鸡精 10 克、香油 1 茶匙、芡粉 50 克、鸡蛋 1 个。

做法
1. 将肉末加盐 10 克，朝一个方向使劲掺，掺至黏稠，加生抽、胡椒粉 2 克、芡粉、姜末、蛋清搅匀，做成馅料。
2. 锅内加汤，入胡椒粉 3 克、姜片、葱节、花椒熬煮，放冬菜尖、榨菜片、黄花、木耳熬煮一刻钟，捡出姜片、葱节，调小火。
3. 将馅料挤成丸子，从锅边放入，锅里保持小火一直不沸。
4. 丸子浮起后，下粉丝、菜心。
5. 调味：加鸡精、香油，倒入砂锅上桌。

特色 肉嫩化渣，汤鲜汁香，配菜科学，营养丰富。

注意
1. 掺肉末要加盐后使劲掺，掺的上劲，丸子有弹性。
2. 煮丸子时一定用小火，从锅边滑入，丸子不能太大，太大不容易煮熟，也不要太小，太小口感不好。

金包银

材料 主：鹌鹑蛋 8 个、猪肉末 50 克。

调料 盐 2 克、白糖 20 克、干芡粉 50 克、姜末 10 克、生抽 1 茶匙、蚝油半茶匙、料酒 2 茶匙、香油半茶匙。

做法

1. 将鹌鹑蛋煮熟剥壳。
2. 姜末剁极细放入肉末，加盐、芡粉、料酒搅拌均匀。
3. 鹌鹑蛋洗后沥干水，在干芡粉里滚一下，肉末摊在手掌里，搓捏包紧鹌鹑蛋，再放进干芡粉滚后再搓紧。
4. 锅里烧油至五成热，把搓紧的肉蛋放下锅后，不停摇动，底面淡黄色后不停翻动直至全部浅黄色捞出。
5. 倒出油，洗锅，用少量油加白糖制糖色，加水、生抽、蚝油，放入肉蛋烧至金黄色入味起锅。

特色 成菜漂亮，肉香蛋软，咸鲜香韧。

板栗烧蹄花

材料 主：猪蹄 1 只。

辅：板栗 250 克。

调料 蚝油 20 克、盐 15 克、鸡精 10 克、生抽 1 茶匙、老姜 20 克、胡椒粉 2 克、白糖 5 克、料酒 2 茶匙、桂皮 1 块、八角 1 个、香果 1 个、香叶 2 片。

做法

1. 猪蹄烧皮刮洗后剁块焯水，洗净后用盐、料酒、老姜片码味。锅里下油烧热，下猪蹄、老姜、桂皮、八角、香果、香叶一起翻炒，用蚝油、生抽、白糖、胡椒粉调味。
2. 放进高压锅烧 20 分钟。
3. 倒入炒锅，捡出香料，放板栗一起烧至汤汁浓酽起锅。

特色 成菜香味浓郁、蹄花炽糯、板栗面香。

排骨绿豆汤

材料 主：猪排骨 500 克。

辅：绿豆 200 克。

调料 盐 20 克、老姜 15 克、干花椒 15 颗、清水 5000 克。

做法

1. 排骨凉水下锅，中小火煮开后，小火煮 2 分钟，倒出用清水清洗干净。
2. 锅里装 5000 克清水，排骨下锅，再清理一次泡沫，放入老姜、花椒，大火炖 20 分钟，将淘洗好的绿豆下锅，中小火炖 20 分钟，盖上盖子，准备好密漏勺，开大火焖 2 分钟，快速揭盖，用漏勺捞出绿豆壳，继续盖上盖子，重复以上动作，直至捞完绿豆壳。
3. 小火再炖 10 分钟加盐调味即可。

特色 绿豆翻沙，汤汁乳白浓酽，汤味鲜美且营养丰富，尤其适合夏天补充微量元素和钙。

香酥猪排

材料 主：猪里脊 200 克。

辅：板栗 250 克。

调料 香料粉 1 克、面包糠 100 克、鸡蛋 2 个、干芡粉 150 克、姜片 20 克、葱 20 克、熟菜油 500 克（耗 100 克）、精盐 4 克、酱油 5 克、料酒 10 克、味精 2 克、香油 5 克。

做法

1. 里脊洗净，沥干水，片成长 10 厘米、厚 1 厘米大片，用刀拍松。用盐、酱油、香料粉、长节葱、姜片、料酒拌和均匀码味。
2. 鸡蛋打破放入碗中掺散，加入干芡粉搅匀成蛋豆粉待用。
3. 码好味的肉片放入蛋豆粉裹液，再裹面包糠拍紧，使周身粘满，然后下入油锅中炸定形捞起，再将油烧至七成热，将炸过的肉块全部放入重炸一次，直至外皮深黄色，酥香味浓时捞起，改刀，装盘。

注意 此菜只能热吃，皮酥香爽口。可备番茄酱、沙拉酱等蘸用。

操作关键：

①香酥猪排要在炸前一次性调好味，多码一会儿，以利于入味；②肉片裹好面包糠后，放 1 分钟，再入油炸，这样，面包粉才可紧贴在肉上，既增加香酥程度，又可保持炸油的干净；③炸时油温要控制，初次炸定形，复炸至深黄香酥，但不要炸过头。香酥猪排在制作过程中，要达到成菜要求的外酥香、内松软，油而不腻，风味别致，有一定的难度，必须严格按照制作过程制作。

可自制蘸料酱：

①番茄味，加番茄酱炒香，加适量盐、姜汁、白醋、白糖，勾点薄芡；②橙汁味，同番茄味制作；③香辣味，将味精（粉状）、盐、孜然粉、十三香粉各 1 份，细辣椒粉 3 份，调和后洒在猪排上；④椒麻味，花椒粉、味精粉、盐各 1 份混合。

小米肉丸

材料　主：肉末 300 克（肥 3 瘦 7）。

辅：糯小米 200 克、荸荠 3 个、鸡蛋 1 个。

调料　盐 10 克、姜末 10 克、胡椒粉 2 克、美极鲜 5 克、枸杞 12 颗。

做法

1. 糯小米涨发 2 小时，荸荠切碎粒。
2. 肉末加盐，一手拿碗，一手拿肉末在碗里摔，摔到肉末黏稠成团，加鸡蛋、荸荠粒，捏均匀。
3. 用手挤出丸子排放好，挤完丸子后，将丸子在涨发好的小米里滚捏，沾满小米后放蒸笼里蒸 30 分钟，将枸杞插入丸子顶部，再蒸 10 分钟，起锅将蒸笼放盘子里。

特色　肉丸爽口，色泽漂亮，营养丰富。

香菜豆腐羹

材料 主：肉末 50 克、嫩豆腐 150 克。

辅：香菇 2 个、胡萝卜半节。

调料 猪油 30 克、盐 5 克、葱节半根、姜末 10 克、香菜末 20 克、鸡精 10 克、胡椒粉 2 克、蚝油 1 茶匙、香油半茶匙、芡粉 20 克、汤 1000 克。

做法 1. 肉末加盐，加水解散，胡萝卜、香菇、豆腐切细丁。

2. 锅里放猪油，下姜末、葱节、胡萝卜末炒香，加汤或者水，捞出葱节。

3. 汤烧开后把肉末、香菇末、豆腐放入汤里，下锅里煮开调味，放胡椒粉、鸡精、蚝油。芡粉加水调成糊后搅匀，边倒边搅，成稀羹状即可。装碗撒香菜末。

特色 汤香、温软、营养好，加适量香醋更爽口。

香菇酿肉

材料 主：肉末 100 克。

辅：香菇 10 个、鸡蛋 1 个。

调料 盐 2 克、姜末 10 克、鸡精 20 克、胡椒粉 3 克、蚝油 1 茶匙、香油半茶匙、芡粉 20 克。

做法

1. 肉末、姜末、盐、鸡蛋清、胡椒粉 1 克、芡粉 10 克加水发湿搅匀做成馅。
2. 香菇挖掉蒂，挖空待用，芡粉 10 克加水发湿。
3. 将馅灌入香菇里，盖上香菇蒂，放入笼里蒸 30 分钟。
4. 将蒸熟的香菇摆在盘子里。
5. 锅里放猪油，姜末炒香加水、胡椒粉 2 克，熬煮后捞去姜末，加鸡精、蚝油、香油，水芡粉拉成薄芡淋在香菇上即可。

特色 这是一款四季工艺菜，特别适合家宴，爽口，华丽。

注意 香菇要选没开花的、紧密的，以便装肉。

莲藕尾骨汤

材料 主：猪尾骨 500 克。
辅：莲藕 1000 克。

调料 盐 50 克、姜片 10 克、干花椒 2 克。

做法 1. 宰块后的尾骨洗净，冷水下锅，中火焯水后清洗干净。
2. 藕弃皮洗净，切块后装陶瓷盆里，40 克盐码藕 5 分钟。
3. 尾骨用砂锅炖开后再清理一次泡沫，加姜、花椒、放藕，直到莲藕炖炬。

特色 藕汤乳白，清香，有多种营养功效，历来被营养专家推崇。

注意 炖莲藕避免铁器，用盐码后能避免氧化，炖出来汤汁乳白，沾铁器后汤色会呈棕红色。

清蒸扣肘

材料 主：猪肘子1个。
辅：土豆200克。

调料 盐10克、白糖15克、胡椒粉5克、生抽2茶匙、姜末10克、鸡精10克。

做法
1. 猪肘子烧毛，刮洗干净。
2. 焯水20分钟，捞出晾凉。
3. 剔骨，改刀成两块。
4. 锅里下少量菜油，倒入白糖，小火制糖色。
5. 将肉皮抹少许生抽，下到糖色里稍“走”一下，皮红即可。
6. 将皮朝下，切成2厘米大肉断、皮不断的方块，皮朝下放进碗里，撒盐在肉块上。
7. 将生抽、姜末、胡椒粉、鸡精放碗里搅匀，淋在肉块上。上笼蒸1小时，再将土豆块放在肉块上，蒸半小时，吃时用窝盘压住蒸碗，翻过来即可。

特色 肉粑糯，味鲜美，干净无骨。猪骨可以熬汤。

银芽肉丝

材料 主：里脊肉 100 克。

辅：绿豆芽 150 克、仔姜 50 克。

调料 盐 10 克、美极鲜少许、料酒半勺、鸡精 10 克、芡粉 15 克。

做法

1. 里脊肉急冻到软硬状，打薄片，切细丝（配绿豆芽粗细），仔姜切细丝，绿豆芽掐两头，芡粉 30 克发湿。
2. 肉丝加盐 5 克、料酒、水芡粉抓松（水全部放进肉里）。
3. 色拉油烧至七成热，将肉丝滑散，调美极、鸡精翻炒，绿豆芽、仔姜一起倒入，翻转起锅。

特色 成菜白净，脆爽可口。

注意 只能滴几滴美极，不可看出棕色。

元宝金钩酿

材料　主：肉末 50 克、冬瓜 500 克。

辅：金钩 20 克。

调料　盐 2 克、姜末 10 克、鸡精 10 克、胡椒粉 5 克、蚝油 1 茶匙、芡粉 10 克。

做法

1. 冬瓜切 5 厘米宽、8 厘米长的块，切 8~12 块，修成椭圆似元宝形并挖空待用，芡粉加水发湿。
2. 肉末加盐、姜末、金钩末、胡椒粉 2 克、鸡精少许搅匀做成馅。
3. 将馅灌入“元宝”放入笼里蒸 20 分钟。
4. 将蒸熟的“元宝”摆在盘子里。
5. 锅里放猪油，姜末炒香加水、胡椒粉，熬煮后捞去姜末，加鸡精、蚝油，水芡粉拉成薄芡淋在“元宝”上。

特色　冬瓜与金钩是绝配，再加肉末更滋润。

生烧筋尾舌

材料 主：猪蹄筋200克、猪舌半个、猪尾1根。

辅：绿豆芽150克、仔姜50克。

调料 盐5克、姜片10克、白糖5克、葱节50克、料酒半茶匙、胡椒粉5克、生抽1茶匙、香油1茶匙、味精20克。

做法

1. 将猪舌洗净焯水，刮干净舌膜，切一字条。
2. 蹄筋焯水后改刀6厘米长。
3. 尾巴焯水后刮洗干净改刀5厘米长。
4. 砂锅放猪油200克，翻炒姜片、葱节，放处理好的筋、尾、舌，下盐、白糖、料酒、胡椒粉、生抽，煨至汁浓料𤆵。加香油，味精。
5. 另起锅，菜尖焯水，捞起垫底，大圆盘装好。
6. 将烧好的原料铺在菜尖上。

操作要领：小火慢烧，烧𤆵入味，汁釅色不浓。

金蛋红烧肉

材料　主：五花肉 300 克。

辅：鹌鹑蛋 200 克。

调料　盐 5 克、姜片 20 克、白糖 30 克、味精 20 克、鸡精 10 克、生抽 2 茶匙、香油 1 茶匙、八角 1 颗、香叶 2 片、桂皮 2 克。

做法　1. 将五花肉切成 1.5 厘米方块，鹌鹑蛋煮熟剥皮待用。

2. 锅里烧油 200 克，鹌鹑蛋热油下锅，中小火不停摇锅，将其炸金黄。

3. 倒去多余的油，放肉块，盐、姜片翻炒，待肉块出油，倒棱，把肉块拨到锅边，下白糖炒到起泡，成棕红色，倒入料酒，把肉块铲至锅中上色，下香料、生抽、鹌鹑蛋、500 毫升水，一起烧至亮油，捡出香料，即可装碗。

要点　1. 红烧肉制色是关键，制过火会发黑，是苦的，制不到位颜色不红。

2. 红烧肉不可用有水的蔬菜同烧，辅料要少于主料。

3. 不要烧软烂，要烧亮油才香，有嚼劲。

4. 香料不能多，只能隐约有香味即可。

特色　猪肉香软，金蛋皮韧内柔。

樱桃肉

材料 主：瘦五花肉 250 克。

辅：胡萝卜半根。

调料 盐 10 克、冰糖 20 克、姜片 20 克、料酒半勺、大葱半根。

做法

1. 五花肉焯水，捞出晾凉。
2. 胡萝卜切 1 厘米丁，肉切 1.2 厘米的丁，肉丁加盐，姜片 10 克，料酒码味。
3. 砂锅加一饭碗水，下肉丁、胡萝卜丁、盐、冰糖、姜片、葱节，中火煮开，小火煨炽，收汁后继续炒至亮油翻红。
4. 起锅装平盘。

特色 色泽红亮，看似樱桃，肉润炽糯，甜咸味鲜，油而不腻。

珊瑚肉

材料　主：猪夹子肉 200 克。

辅：胡萝卜 2 根、竹笋 200 克。

调料　盐 15 克、鸡精 10 克、胡椒粉 5 克 、姜茸 10 克、姜片 10 克、鸡蛋 1 个、猪油 100 克、细芡粉 50 克。

做法
1. 猪肉去筋膜剁茸，胡萝卜刮下鲜红部分扔掉黄心切碎，竹笋切 1.5 厘米圆节。
2. 将猪肉茸和胡萝卜茸加盐、蛋清豆粉、胡椒粉，使劲搅拌。
3. 捏成园子放油锅里稍炸定形捞出。
4. 加汤，放猪油、姜片、园子、笋节、煮一刻钟，煮熟捞出，锅里汁水加薄芡收汁起锅装碗。

特色　色泽艳丽、口感很好、营养价值高。

蒜苔榨菜肉丁

材料 主：五花肉 100 克、榨菜 100 克、蒜薹 100 克、青椒 50 克。

调料 盐 5 克、白糖 10 克、味精 10 克、姜末 10 克、料酒 1 茶匙。

做法
1. 肉切细丁，榨菜、蒜薹、青椒切丁。
2. 油烧至三成热，放肉丁、姜末、盐、炒出油后放料酒，再下青椒、蒜薹。
3. 调味，加白糖，味精，下榨菜粒翻炒起锅。

特色 肉香脆、蒜薹爽脆，榨菜、青椒鲜脆，口感很好，佐酒下饭总相宜。

注意 榨菜不可久炒，炒久了不脆。

蒜苗炒腊肉

材料　主：老腊肉 200 克。

辅：蒜苗 100 克。

做法　1. 将腊肉皮用火烧至皮起泡，刮洗干净后，煮到指甲能掐进皮时捞出晾冷。

2. 将煮熟的腊肉切 6 厘米长、5 厘米宽的片，蒜苗切马耳朵。

3. 坐锅烧热，下腊肉，炒出油放蒜苗翻炒到蒜苗变色，起锅装盘。

特色　腊肉香，蒜苗脆。蒜苗腊肉混合出特别的烟香，风味独特。

提醒：因腊肉腌制过程盐度较大，不宜多吃。

家的味道

美食

第四部分 煳辣味

HOME COOKING

煳辣味在家庭烹调中用得较多，成菜风味独特，香辣咸鲜、回味略甜，主要用于热菜。如宫保鸡丁、宫保腰块、煳辣肉花、炝莴笋、炝莲白等。煳辣味与其他复合味互不冲突，互不压味，四季皆宜。

煳辣味所用的调料主要有：盐、白酱油、红酱油、干红海椒、花椒、姜、葱、蒜、白糖、醋、料酒、味精等。

调料的作用与配合：盐主要用于原料的码味，使菜肴有一定的咸味基础，即定味。白酱油增鲜，红酱油提色，并使基础味稳定，三者配合以菜肴色泽棕红，咸鲜适度。料酒主要是除异味、综合味道的作用，用量不宜过大，因菜而异，肉类可少些，肝、腰可多些。干海椒增加辣香味，并添色，但用量不宜过大，或因品种而异。花椒也不能用太多，不要突出麻辣味，仅需麻辣香味。白糖、醋和味精提鲜、定味，使成菜有甜酸味，用量以表现出荔枝味为宜。蒜、姜、葱可使味产生复合香味，量不可太多、太偏，不能当作压异味来使用。

具体的操作方法：要按照顺序进行，先用精盐、酱油等将原料码芡上味；再将白酱油、红酱油、醋、白糖、料酒兑成滋汁备用，锅内下油烧至六七成热投入干海椒，花椒待辣椒炸至金黄色时放入，再下姜、葱、蒜炒香，入原料炒至散籽断生，烹入滋汁，收汁亮油即可。

注意几个问题：一是辣椒、花椒不能炸焦，否则影响色泽、没有香辣味；二是水豆粉的多少要适宜，干稀适当，有利于散籽亮油；三是炒的动作要轻而快，一气呵成，利于成菜开花、嫩脆；四是烹调用混合油为宜。

◉ 民以食为天，食以味为先

宫保肉丁

材料 主：猪腰柳肉 150 克。

辅：花生米 50 克、葱白 25 克。

调料 精盐 5 克、干辣椒 8 克、混合油 100 克、花椒 2 克、酱油 2 茶匙、白糖 10 克、醋 10 克、姜片 5 克、蒜片 5 克、料酒 10 克、味精 5 克、芡粉 35 克、鲜汤 35 克。

做法

1. 将肉拍松剞花刀，改刀成 1.3 厘米的丁，干辣椒切成 2 厘米的节，葱白切成 1.3 厘米的丁。
2. 花生用开水泡涨去皮，冷油下锅中炸脆，捞出晾冷。
3. 将白糖、醋、酱油、味精、水淀粉放入一碗中，加适量鲜汤对成芡汁备用。
4. 先在肉丁碗中放盐、料酒、水淀粉拌匀抓松，再将炒锅置旺火上，加混合油烧热后，放干辣椒入锅，炒至棕红色时下花椒炸一下，下姜、蒜片、肉丁炒散，烹入料酒、芡汁翻转，加花生米翻炒均匀下葱丁快速炒匀，起锅即成。

特色 色泽棕红，肉丁嫩滑，荔枝味突出，是荔枝味加糊辣味。

操作关键：

1. 肉丁要剞花刀，改刀大小均匀。

2. 干辣椒不能炸糊，否则影响色泽、没有香辣味。

3. 水芡粉的多少要适宜，干稀适当，有利于散籽亮油。

4. 炒的动作要轻而快，一气呵成。

5. 葱白起锅前放入，然后放花生米翻转就起锅，花生酥脆。花生米不要放得过早，否则会影响脆度。

宫保腰块

材料 主：猪腰 2 个。

辅：花生米 50 克、葱白 25 克。

调料 盐 2 克、干辣椒 8 克、花椒 2 克、酱油 20 克、豆瓣酱 10 克、白糖 10 克、醋半茶匙、姜片 5 克、蒜片 5 克、酒 10 克、味精 2 克、干芡粉 40 克、鲜汤 35 克。

做法

1. 猪腰对剖，剔去腰臊，剞直刀，改刀成 1.5 公分方块，加盐，豆瓣酱、料酒码味 10 分钟，再调干芡粉 30 克抓匀。
2. 干辣椒切成 2 厘米的节，葱白切成 1.3 厘米的丁。
3. 花生用开水泡涨去皮，冷油下锅中炸脆，捞出晾冷。
4. 将白糖、醋、酱油、味精、芡粉 10 克放入一碗中，加适量鲜汤调成滋汁备用。
5. 将炒锅置旺火上，加混合油烧热后，放干辣椒入锅，炒至棕红色时下花椒炸一下，下姜、蒜片、腰块炒散，烹入滋汁翻转，加葱丁翻炒均匀下花生米快速翻转，起锅即成。

特色 色泽金黄，脆嫩鲜香，酸甜微辣。

注意 油温以六七成为宜，火候不宜过旺或过小，过旺易粘锅发焦，过小烹炒时间长，菜发紧、发硬，影响口感。急火短炒，腰块断生即烹滋汁，花生翻转即可，保持脆爽。

刀工要求：烹制煳辣肉花，肉花的大小，剞花的深度要一致，剞刀均匀，宫保腰块的腰块要剞深剞透，把握 2/3 深度，便于调味均匀。

宫保的传说：

传说四川丁宝桢镇守边疆，反对外来侵略有功，被起名为“太子太保”， 一天晚上，他到厨房，厨师无好菜以待，见只剩干海椒、酥花生仁和一块瘦肉，于是厨师急中生智，将肉丁、酥花生仁、辣椒合炒。烹以糖、醋等调料，酸、甜、香、微辣、麻香、回味悠长。这道酸辣香脆的菜，后人命为“宫保肉丁”，而丁宝桢特别喜欢这道菜，流传下来成为一道名菜，如今又称“宫保”系列，即煳椒系列菜品之一。

家的味道

美食

第五部分 荔枝味

HOME COOKING

荔枝味在家庭中使用不多，容易被混为糖醋味。荔枝味的特色是，酸甜似荔枝，咸鲜在其中。荔枝味的调味品虽因菜而有差别，但基本的有：精盐、酱油、醋、糖、料酒等，并取姜、葱、蒜的辛香气和味而成，但不可过重。

为了达到“进口酸，回口甜”的效果，必须注意调味品的搭配和作用。原料的底味不要过重，盐和酱油定味，用量不要多；糖的用量要比醋略少，才能体现酸甜味。

具体做法是：先放入盐和少许酱油，加糖和少许鲜汤调匀，当味道咸甜时，再加入醋、水淀粉调匀成滋汁，达到酸味突出，咸中回甜。加调料可以形成新的风味，如将油烧至六成热，加入干辣椒节和花椒炝成红色，香辣味浓时，下入原料炒断生，烹入滋汁，收汁油起锅，可形成煳辣荔枝味的菜肴。

关键：荔枝味的调配要把握好醋、盐、糖三者的比例关系，糖用量不要超过醋，如果比例不当，就变成了糖醋味，因醋的挥发性较大，可在起锅前加入少许醋，以保持各味之间的协调。如果是用煳辣荔枝味，干辣椒和花椒不要炸焦，以免影响菜肴的色香味。

合川肉片

材料 主：猪半肥瘦肉（二刀腿肉）300 克。

辅：水发笋子 100 克、水发木耳 50 克。

调料 糖 10 克、醋 1 茶匙、盐 5 克、生抽 1 茶匙、味精 5 克、姜片 20 克、蒜片 10 克、鸡蛋 1 个、淀粉 200 克、大葱 50 克、料酒 1 茶匙。

做法

1. 肉剔皮后切成大薄片，码盐、料酒、姜片，葱切马耳朵。
2. 用蛋清豆粉上浆（细芡粉发湿后加蛋清）。
3. 笋子改刀成片，木耳撕块，与笋子焯水沥干待用。
4. 将锅烧热用油制好，肉片展开，贴在锅上，定形后铲起。
5. 将定形后的肉片在热油里炝一遍捞出，改刀成 3 厘米左右的块。
6. 小碗兑糖、醋、盐、味精、生抽、芡粉成滋汁。
7. 锅内加油炒姜片、蒜片，下木耳、笋子、炒香后下肉片炒匀，放葱，倒滋汁，大火翻转装盘。

特色 肉片绵韧鲜香，味道微酸回甜。也有不用芡汁和配料，只加以上调料干香型合川肉片。

锅巴肉片

材料　主：鲜猪瘦肉 100 克、锅巴 200 克、熟猪舌 50 克、熟猪心 50 克。

辅：番茄 50 克、水发木耳 10 克、鲜笋片 50 克、鲜香菇 50 克。

调料　葱白 30 克、泡海椒 25 克、猪油 100 克、胡椒粉 10 克、味精 10 克、白糖 5 克、香醋 15 克、芡粉 50 克、香油 15 克 料酒半茶匙、姜片 20 克、蒜片 10 克、鲜汤 300 克。

做法

1. 猪瘦肉切成薄片，先用盐、料酒码入味，再加水芡粉码上芡。
2. 炒锅置旺火上，下油烧热，放入肉片滑散籽发白，下姜、蒜片炒出香味，再下笋片、木耳炒匀，掺鲜汤，放熟猪舌、猪心，调味，放盐、白糖、胡椒粉、味精入锅，待沸后下水芡粉加糖醋兑成的荔枝汁推匀，起锅盛碗内。
3. 将干透了的锅巴，掰成约 5 厘米的块，放入八成热的油锅中炸至呈金黄色时捞出，盛在大窝盘中，再把碗里的肉片连汤汁一起，倒入大窝盘中即成。

提醒　碗里的肉片及汤汁，应当着客人的面倒入盘内，让客人能听到锅巴发出的“嚓嚓嚓”响声，以增添情趣，吃到汤汁浸泡脆香锅巴的口感。

特色　肉片细嫩，锅巴酥香，酸甜适口，营养丰富。

家的味道

美食

第六部分 麻辣味

HOME COOKING

麻辣味在重庆最有市场，足以体现川味的特色，家庭中几乎都要做麻辣菜肴。其主要构成的调料有：红油辣椒、辣椒面、辣椒节、花椒粉、青红干花椒、郫县豆瓣、酱油、精盐、豆豉茸、糖、味精等。近几年，有使用麻辣鲜露，以增加麻辣厚重感。

麻辣味的要点应在咸味适口的基础上，重用辣椒、花椒，以突出麻辣味为上。在各种菜品中，豆豉茸的作用是增加菜肴的鲜香，味精是提鲜增味，香油辅助增香。在热菜麻辣味中，要重用郫县豆瓣增辣增香，加之辣椒节，干花椒，以达到麻辣的总要求，即咸中有鲜，香辣味麻，味道浓厚，醇和可口。香油用量不要太大，以不压倒辣椒的香辣和花椒的辛麻为度。

具体操作因冷热菜不同而不同。冷菜的麻辣味的调制，是将酱油、红辣椒、花椒面、香油等调匀，再放入味精、糖调拌匀即可。热菜的麻辣味调配，是将郫县豆瓣、豆豉茸下锅炒酥上色后，加入鲜汤，投入原料烧开入味，再下酱油、糖、味精等提味，收浓汁后起锅，撒上花椒末即可。为了加强麻辣的效果，在菜肴中可加入适当的辣椒节、花椒粒甚至辣椒面。麻辣味浓郁讲究香而醇。

注意：酱油、红油辣椒、花椒使用不要过量，做到麻而不烈，辣而不燥，回味无穷。也可根据人们的喜好进行调节，变化麻辣的浓淡。

干煸肉丝

材料 主：猪腿瘦肉 400 克。

辅：黄豆芽 200 克。

调料 干辣椒节 50 克、干辣椒面 20 克、干花椒 20 克、大葱 20 克、盐 10 克、生抽 2 茶匙、料酒 1 茶匙、姜丝 30 克、味精 10 克、白糖 20 克、胡椒粉 5 克。

做法

1. 将瘦肉洗净切成二粗丝，黄豆芽去瓣。
2. 生姜洗净切粗丝，葱洗净切段。
3. 将肉丝装入碗中，加入料酒、盐、胡椒粉腌制约 15 分钟。
4. 黄豆芽干炒至软。
5. 锅中放油，烧至五成热，下肉丝炸至金黄色后，捞起沥油。
6. 锅内留底油，放入干辣椒节、干辣椒末、干花椒、姜丝、葱段爆香，再加入肉丝、生抽、白糖、料酒、味精煸炒入味，再加入黄豆芽翻转即可。

特色 色泽艳丽，口感很好，营养价值高。

水煮肉片

材料　主：眉毛肉或里脊肉 250 克。
辅：莴笋尖 125 克、芹菜 50 克、青蒜苗 50 克。

调料　精盐 4 克、干辣椒面 20 克、花椒 50 粒、水淀粉 80 克、熟菜油 175 克、郫县豆瓣 40 克、料酒 1 茶匙、姜片 10 克、酱油 1 茶匙、味精 10 克、鲜汤 500 克。

做法

1. 将肉切成长 4.5 厘米、宽 3.3 厘米、厚 0.3 厘米的肉片，加盐（2 克）、料酒（半茶匙）、姜汁水、水淀粉拌匀码好芡。
2. 将青笋尖洗净沥干水，切成 6 厘米长的薄片，芹菜、青蒜苗均洗净沥干水，用刀拍破，切成 4.5 厘米的长节；干辣椒去蒂，去籽切成短节，郫县豆瓣剁细待用。
3. 锅上火烧热，下菜油 75 克，加入豆瓣炒香炒上色，再加鲜汤（汤量以淹住肉片为好）、酱油、盐（2 克）、料酒、味精熬汤，芹菜、莴笋片、青蒜苗下锅烧开用大碗捞出摆平。用手将码芡的肉片整理成片状，分散入锅，待锅中汤汁自然收稠后，肉片也断生，即时起锅，倒入菜碗中，肉片在上面，其余配料在下面。
4. 将干辣椒面堆在肉片上，油烧至八成热，舀在辣椒面上，发出“呲呲”的响声，撒花椒面。喷出香辣味上桌。

特色　制作水煮肉片菜肴，重在调料、火候、下料。水煮肉片是川菜一绝，成品具有色红味厚，香气扑鼻，肉片嫩滑化渣，突出麻辣、鲜烫、咸鲜味。

操作要点：
1. 肉片要片得厚薄均匀，码芡的水芡粉不宜过多、过干。
2. 肉片下锅必须用手牵开下到汤里，以免成坨。
3. 炒豆瓣必须注意不要炒煳，否则色味不佳。
一定要将辣椒面堆在肉片上浇热油而成，花椒面淋热油后再撒。

皮蛋炒肉末

材料 主：皮蛋 3 个。

辅：肉末 50 克、芽菜 50 克。

调料 盐 10 克、辣椒面 20 克、花椒粉 5 克、味精 10 克、白糖 5 克、鸡精 10 克、酱油半茶匙、香油 1 茶匙、姜米 10 克、料酒 1 茶匙、花椒油半茶匙。

做法

1. 皮蛋煮熟无溏心，切丁。
2. 肉末码盐、姜米 、料酒。
3. 七成油温下皮蛋末翻炒，铲起后炒肉末、芽菜末，炒香后放辣椒面。
4. 调味，加味精、鸡精、白糖、酱油、花椒油、香油，翻转后加花椒粉起锅。

特色 皮蛋的碱味大大减弱，调味后柔和鲜美，口感绵弹。

家的味道

美食

第七部分

酱香味

HOME COOKING

酱香味也是家庭中常用的味型之一，其特点：酱香浓郁、甜咸兼鲜，多用于热菜。主要调料：为甜酱、盐、酱油、味精、香油。其中，甜酱是形成酱香味的主要调料，盐和酱油起定味的辅助作用。主要用于热菜中炒、烧、爆，根据菜肴的不同，可酌加胡椒面、白糖、姜、蒜等。调制时，需视甜酱的品质、色泽、味道以及菜肴特色调制，甜酱过咸，适量加白糖调和，酱色过深，可少加点白酱油或香油、汤等调匀。根据菜肴需要，可适当勾芡，但一定不要太浓。出锅时香油不可少。

回锅肉

材料　主：猪后腿肉 300 克。

辅：青蒜苗 75 克。

调料　盐 2 克、混合油 40 克、郫县豆瓣 15 克、甜面酱 20 克、酱油 10 克、白糖 5 克、料酒 10 克。

做法

1. 先将带皮猪肉去净毛，刮洗干净，放入汤锅中煮到皮软肉熟时捞出晾冷，切成约厚 0.3 厘米、长 6 厘米的片。豆瓣剁细，蒜苗洗净，切成马耳朵形。
2. 净锅放中火上，放入熟猪油，烧至五成热，加入肉片炒到吐油，肉起灯盏窝时，加盐翻转，把肉拨到锅边，下郫县豆瓣炒上色，再下甜面酱、酱油、白糖、料酒炒匀、炒出香味、炒干水分，将肉片与调料炒匀，再投入蒜苗翻炒 2~3 分钟，入盘即可。

特色　味浓鲜香，微辣回甜，色泽美观，香气扑鼻，民间称为“过门香”。

注意　酱油只能放小瓷勺半勺，只能放到油里炒，放多了或者淋到肉上，肉会发软，影响形和味。

回锅肉又叫“酱爆肉”，是川菜的著名菜肴，号称“川菜第一菜”。回锅肉在四川、重庆周边地区，几乎是家家必做菜，它要求肉片厚薄均匀，软硬适度，浓郁鲜香，微辣回甜，外形像“灯盏窝”。但要达到这一标准，必须掌握其选料、刀功、火候等几个关键环节。

首先，选料要选土猪肉，因其喂养时间较长，出菜质感好。部位为后腿坐墩肉（最好是一刀腿子肉），其肥瘦的比例为肥 3、瘦 7，由于这部分肉质细嫩，肥瘦相间，不断层，在炒时才易成“灯盏窝”。

其次，煮肉的技巧。原料的水分是口感是否鲜嫩爽脆的关键，如果水分流失过多，那么口感不好。因此在煮回锅肉时，不要煮得太久；如果煮太久，瘦肉部分会因水分流失过多，变得过老，肥肉部分会煮得太烂，肉油腻发粘，难以进行刀工切制。正确的煮法：将猪腿肉洗干净，去净残毛，入锅中用水淹住，中火煮 10~15 分钟，用筷子尖扎一下，刚扎得破皮，瘦肉刚断生时关火，在汤里焖泡 10 分钟捞出即可。

再次，刀功要均匀，长宽要适度。将冷却的回锅肉修齐边角，再切成 5~6 厘米长、4 厘米高的方块，再切成 0.3 厘米的大片，这样才可以在高温的作用下，收缩卷曲成“灯盏”状。

最后，要掌握火候。肉片在三四成油温（80~100℃为宜）下锅，在这种油温作用下，肉皮开始卷曲，纤维收缩，形成半圆形的灯盏窝。

京酱肉丝

材料 主：猪里脊肉 150 克。

辅：大葱白 100 克。

调料 盐 5 克、干淀粉 25 克、姜丝 10 克、甜面酱 30 克、酱油 10 克、香油半茶匙、料酒半茶匙。

做法
1. 猪里脊肉切丝，用精盐、料酒、酱油腌 10 分钟，干淀粉发湿，加入肉丝里抓捏。
2. 将葱白用刀剖开，掏出硬芯，卷成卷，切成细丝后泡在淡盐水里涨开备用。
3. 锅烧热后下油，肉丝滑熟捞出。
4. 锅中再放入 50 克油烧三成热，倒入甜面酱炒出泡，加糖、酱油、香油炒香，再加入过好油的肉丝翻炒，即可装盘，将葱丝沥干水，堆在肉丝上，食用前搅拌一下。

这是在一道传统北京风味菜基础上改动而成，用四川的甜面酱，葱丝很细，堆在肉丝上，成为川菜的名菜之一。北京的京酱肉丝葱切得粗，在盘底。

特色 咸甜适中，酱香浓郁，风味独特。

石锅仔芋

材料 主：小芋仔 200 克。

辅：中粗肉末 50 克。

调料 蚝油 1 茶匙、生抽 1 茶匙、盐 10 克、姜末 10 克、甜面酱 10 克、白糖 5 克、味精 10 克、葱花 10 克。

做法 1. 芋仔用油炸至皮皱，加蚝油、盐，用高压锅压 5 分钟。

2. 肉末用油炒酥，加盐、生抽、白糖、甜面酱，炒香，水芡粉拉薄芡。

3. 石锅烧热，倒入芋仔，将肉末酱覆在上面，撒葱花即可。

特色 芋仔软糯，鲜香可口。

酱烧三丁

材料　主：里脊肉 100 克、豆干 100 克 、笋丁 100 克。

辅：蒜苗 50 克。

调料　甜麦酱 30 克、美极鲜少许、香油 1 茶匙、盐 5 克、姜片 10 克、细芡粉 20 克、味精 10 克、白糖 5 克、鲜汤 200 克。

做法

1. 将里脊剞花刀，改切1厘米见方的丁，用姜片、盐码味，裹粉，豆干切1厘米见方的丁，蒜苗切短节。
2. 油烧热，肉丁下锅，炸成金黄色捞出，豆干下锅，炸成金黄色捞出，笋丁油里炸 2 分钟，皮皱即可。
3. 锅内留少量油，关火降温，降到三成油温，下甜麦酱炒香，倒入三丁翻炒，加鲜汤熬煮收汁至浓稠干香，加蒜苗。
4. 调味：放味精、白糖，加五滴美极鲜，翻转后倒入香油起锅。

特色　猪肉干香，豆干绵韧，笋丁脆爽。

家的味道

美食

第八部分 糖醋味

HOME COOKING

糖醋味是川菜乃至中国菜中比较广泛地运用的味型，家庭中用得很多。尤其是糖醋排骨，几乎是家庭和大小酒店、餐馆都有的保留菜。糖醋味主要用于在家常的冷热菜肴中，如糖醋排骨、糖醋肉丸、糖醋藕片、糖醋海蜇丝等。成菜的风味特点是：甜酸味重，咸鲜适度、味美可口，回味无穷。

糖醋味的主要调料有：盐、白酱油、白糖、香醋、香油等。

各地的糖醋味略有差异，重要的是调整好糖、醋、盐三种调味品之间的比例关系，如果比例失调，很容易与荔枝味和咸甜味混淆。糖醋味的口感应该是：进口甜酸，回口咸鲜。因此，糖、醋、咸三种调味品的比例关系应为：咸味 20%，甜味 45%，酸味 35%。盐为基础味，糖和醋为主要风味，糖的用量要大一些，突出糖味；醋的用量不宜大，以免喧宾夺主。

制作：先将白糖、精盐（或白酱油）调成甜中有咸的味道，再加入醋，糖醋味适度了，加入适量香油即可。如要下锅加热，再追加 1/4 的醋作为醋加热损耗补充。

注意：调味时要按照先后次序加入各种调料，要重视盐的作用，盐可以定味，又可以综合糖和醋的味道，形成一种鲜醇而又柔美的复合味。调味时，盐和糖在味汁中必须完全溶化，醋要最后加入，因为其性能不稳定，易挥发。

糖醋排骨

材料 主：猪排骨 500 克。

调料 鲜汤 500 克、姜块（拍破）10 克、姜片 5 克、葱结 20 克、盐 15 克、料酒半茶匙、白糖 80 克、酱油 30 克、香醋 2 茶匙（约 70 克）、熟芝麻 10 克。

做法

1. 将猪排骨洗干净，斩成约 2 厘米短节，入锅用凉水、加姜块煮开 15 分钟，捞出用盐、姜、葱、料酒腌码，盖上盖子至凉，凉后拣去姜、葱待用。
2. 将白糖、醋、酱油、一饭碗鲜汤（开水也可）调匀成汁。
3. 坐锅烧热，下油烧至七成热，放入排骨炸成金黄色，滗掉多余的油，趁热烹入汤汁，盖上盖，排骨会迅速骨肉分离，形成离骨，再将排骨慢烧，汤汁快干时，关小火，汤汁浓稠亮油时，起锅装盘，撒白芝麻即可。

特色 色泽红亮，质地酥松，肉香离骨，甜酸适口。

注意 水分要熬干，但不要将汤汁熬煳，排骨上的肉需要多一点，尽量选挨着软肋处的排骨。

糖醋里脊

材料　主：猪里脊 200 克。

调料　盐 5 克、鸡蛋 1 个、番茄酱 50 克、姜片 5 克、料酒 1 茶匙、白糖 20 克、白醋半茶匙、香油半茶匙克、味精 5 克、淀粉 100 克、面粉 20 克、泡打粉 3 克。

做法

1. 将猪里脊洗净，去筋膜，剞花刀，改切成 4 厘米长、0.5 厘米宽的条，放入碗内，加入盐、大葱、姜片、料酒码味 5 分钟，再用鸡蛋清、淀粉、面粉、泡打粉搅拌均匀，做成脆粉上浆。
2. 取小瓷碗放入糖、醋、味精、水淀粉、料酒、汤，调成糖醋汁。
3. 炒锅烧热，放入油烧至六成热，逐个将整理好的里脊条投入油锅，炸成牙黄色时，捞出沥干油。
4. 锅烧至七八成热，倒入里脊条抢炸至色稍变金黄，倒出沥油摆盘，锅洗净倒油烧五成热关小火，炒番茄酱，炒香后加调好的糖醋汁翻炒，加香油，淋在炸好的肉条上。

特色　排骨金黄，外脆里嫩，口味甜酸。

糖醋里脊的糖醋汁调味，传统的是用香醋加白糖，糖、醋用量要大些，炸好的里脊条要下锅翻转，容易回软。用番茄酱加白醋调制，成菜呈鲜红色，甜酸味更柔和，人们更喜欢，操作更简单。

家的味道

美食

第九部分

椒盐味

HOME COOKING

椒盐味是人们非常喜欢的味型之一，尤其是在家庭油炸食物中广泛运用。这些菜肴具有香酥和咸鲜的味道，用椒盐味佐食下酒，香酥脆爽。如椒盐鱼条、椒盐肉糕、椒盐豆瓣、椒盐里脊等。但大部分是以椒盐味碟的形式出现。其特色是：香麻味长，咸鲜酥脆。调味的调料主要是精盐和花椒面。

两种调味品的使用比较简单，将它们混合即可。具体操作是：先将精盐用干净的锅炒熟研成细末，花椒焙香后，磨成粉末，再按 2 ∶ 1 的比例，调和均匀即可，也可用粉末味精加入味碟，鲜味更浓。

椒盐里脊

材料 主：猪里脊 300 克。

调料 盐 8 克、鸡蛋 1 个、淀粉 150 克、大葱 10 克、姜片 5 克、料酒 1 茶匙、酱油半茶匙、花椒面 5 克、味精 5 克、面粉 20 克、泡打粉 3 克。

做法

1. 去筋膜，剞花刀，切成 4 厘米长、0.5 厘米宽的条，放入碗内，加入盐（码盐 5 克）、大葱、姜片、料酒码味 5 分钟，再用鸡蛋清、淀粉、面粉、泡打粉搅拌均匀，做成脆浆挂糊。
2. 将花椒粉、盐、味精粉拌匀，做成椒盐料。
3. 炒锅烧热，放入油烧至六成热，逐个将整理好的里脊条投入油锅，炸成牙黄色时，捞出沥干油。
4. 锅烧至七八成热，倒入里脊条抢炸至色稍变金黄倒出沥油，出锅装盘撒上椒盐料即可。

特色 呈金黄色，外脆里嫩，口味麻香。

炸桃腰

材料　主：猪腰 4 个。

辅：核桃仁 4 个、鸡蛋 2 个。

调料　盐 10 克、花椒面 5 克、料酒 1 茶匙、姜片 20 克、 葱节 20 克、细干芡粉 200 克。

做法

1. 将猪腰去腰臊，剞花刀后改刀，半边猪腰改 2 块方形，加盐、料酒、姜片葱节码味。
2. 桃仁用开水烫一下去皮，冷油下锅炸酥。
3. 芡粉 50 克调成蛋清豆粉。
4. 码味后的猪腰裹蛋清豆粉后扑干芡粉，用无花纹一面包桃仁再用蛋清豆粉封口，（可用牙签固定）入五成热油温锅略炸成形，再将油温升高至八成，复炸成金黄色起锅装盘，撒花椒面。

特色　桃仁干脆，猪腰爽脆。

椒盐肉糕

材料 主：肉末 200 克。

辅：红薯粉 150 克。

调料 盐 12 克、姜末 5 克、料酒 1 茶匙、鸡蛋 2 个、干花椒 2 克、花椒粉 2 克、味精粉 5 克、细干芡粉 200 克。

做法

1. 红薯粉提前 2 小时用清水泡涨澄清。
2. 肉末加盐 10 克、姜末、料酒码匀，加鸡蛋反复搅。
3. 将澄紧的红薯粉与肉末搅转，放入不锈钢饭盒，铺上糕点纸，上笼蒸熟，凉透后揭开纸，肉糕切 2 厘米宽、4 厘米长、0.5 厘米厚的肉片。
4. 菜籽油烧至七成热，1 个鸡蛋掺成蛋液，肉片沾蛋液后，裹细干芡粉下锅炸，炸至浅黄捞出。
5. 将 2 克盐，1 克花椒粉拌匀撒在肉糕上。

特色 外酥里嫩，焦香细腻。

注意 油温不能太高。

关于油温：

烹饪用油的油温大概分成 3 挡：①适合油炸；②适合炒菜；③适合凉拌。

油温几成通常被称为“几成热”，每成热约为 30℃，并不是说某个油达不到这个油温，只是它一边升温一边在用力冒烟。经过工业精制的油，基本都能达到 232℃，满足中餐一般的使用。

八成油温 240℃，为油炸温度，这是油炸的分割线。

七成油温 210℃，温度为炒菜、干煸、爆炒温度，是炒菜的分割线。

四成油温 120℃，滑炒温度（滑油）。

家的味道

美食

第十部分 酸辣味

HOME COOKING

酸辣味是家庭中用得很多的一种味型。其主要调料用醋或酸菜（泡菜）出酸味，胡椒粉或红油辣椒出辣味等。由此组成多种风味的酸辣味。

1. 用醋和胡椒调成的酸辣味。

可分为两种情况：一是要用水淀粉勾芡的酸辣味，代表菜肴有酸辣蹄筋、五彩鱼羹汤、酸辣飘蛋等；二是清汤调成的酸辣味，代表菜肴有酸辣海参、酸菜鱿鱼、酸菜鸡丝汤等。

2. 用醋和红油辣椒组合的酸辣味。

分为凉菜与热菜两大类。凉菜主要用于蔬菜原料，调料除盐、酱油、红油辣椒、醋、香油、味精以外，还可用少许花椒粉，成菜咸酸微麻。常见菜肴有：酸辣侧耳根、酸辣凉粉、酸辣豆花、酸辣莴笋等。热菜除前面所述的勾芡与清汤调成的酸辣味，还有风味小吃酸辣粉系列。宜于炒、熘、氽的酸辣味，如酸辣肝片、酸辣鱿鱼卷、酸辣肚花等。

要制作好酸辣味菜肴，必须掌握操作要领。按照不同的类型，要领不同。

（1）用水淀粉勾芡的酸辣味，用盐定味，酱油和味精提鲜，醋提鲜除异增酸，以进口酸味适中为度。胡椒粉用量宜大，料酒用量适当，姜、葱用量宜小，化猪油、香油滋润菜肴。标准是咸酸鲜辣突出，清香醇正可口。

（2）用清汤调成的酸辣味。酸菜用量要恰当，不要过量；酸菜叶和梗要分别使用，叶用来熬汤，味不浓，再加梗；汤味不够，还可加些白醋。以咸酸鲜辣，清香醇正，风味独特为标准。

◉ 民以食为天，食以味为先

酸辣蹄筋

材料　主：鲜蹄筋 300 克。

辅：肉末（肥瘦各半）150 克。

调料　盐 20 克、香醋 3 茶匙、胡椒粉 30 克、姜片 15 克、大葱 50 克、生抽 1 茶匙、白糖 10 克、香油半茶匙、味精 5 克、鸡精 5 克、鲜汤 300 克。

做法

1. 锅内加清水 500 克，将蹄筋煮软透心，（中小火煮半小时）捞出剔去油筋，改刀成 4 厘米节。
2. 净锅下油烧三成热，投入姜片、葱节、炒香，下肉末翻炒，加鲜汤、下蹄筋、调入胡椒粉、酱油、白糖、小火慢烧至蹄筋烂熟、汁收干后拣去姜、葱，调入香醋、鸡精、味精、香油，装碗。

特色　蹄筋烂糯，酸香可口。特别适合老人、小孩、女士补充胶原蛋白。

酸辣飘蛋

材料 主：鸡蛋 5 个。

辅：肉末 50 克。

调料 盐 20 克、姜末 10 克、生抽 1 茶匙、香醋 2 茶匙、胡椒粉 15 克、香油半茶匙、芡粉 40 克。

做法

1. 鸡蛋 5 个敲开，加 10 克盐，掺散，加 300 克水（水温 60℃，烫手，但可以把手指插在水里）肉末加盐、姜末，50 克水解散。
2. 将搅好的蛋液放蒸格里中火隔水蒸 2 分钟，再用小火蒸 10 分钟。
3. 另起锅里放猪油，冷油里下姜末、肉末，小火将肉末炒散，炒出油后加清水 400 克，调味，加胡椒粉、香醋、生抽。芡粉加水发湿，在锅里汤汁下芡搅动，成二流芡倒在汤碗里，用浅饭勺大块舀蒸蛋，飘在芡汤上，淋香油。

特色 蛋嫩滑细腻，汤微酸微辣爽口。

注意 炒肉末要小火慢慢炒散，要保持色淡汤浓。

家的味道

美食

第十一部分

山椒味

HOME COOKING

山椒味以特辣的云南小米辣为主要原料，主要有两大系列，一是泡野山椒，加蒜片、姜片、鲜花椒；二是鲜野山椒辅以适量美极鲜调味，加鲜花椒、蒜片，藤椒油，多用于凉菜，热菜的新品也不断上市，是近年来运用比较多的味型。

近年来，很多菜品用藤椒油代替花椒油，麻味更重、更香。

特色：鲜辣麻香少油，深受吃辣地区人普遍喜爱。

双椒蹄花

材料　主：猪蹄 500 克。

辅：黄瓜半条。

调料　青、红小米椒各 50 克、美极鲜 1 茶匙、生抽 2 茶匙、盐 30 克、八角 1 颗、砂仁 1 颗、三萘 2 克、桂皮 1 小块、姜片 20 克、蒜片 20 克、白糖 10 克、味精 10 克、香油 10 克、香醋 5 克、藤椒油半茶匙。

做法

1. 猪蹄烧皮刮洗干净，宰块，放盐 25 克、姜片码味，2 小时后淘洗。
2. 淘洗后将香料和猪蹄块、5 克盐一起放入高压锅压熟或蒸熟，晾凉，宰块。
3. 黄瓜切块垫底，猪蹄铺上面。
4. 青、红小米辣切细圈，调入美极鲜、生抽、姜片、蒜片、白糖、味精、香醋、香油、藤椒油搅匀，淋在猪蹄上。

特色　猪蹄 Q 弹劲道，调料鲜辣香麻微酸。肥而不腻，爽口。

秘制黄喉

材料 主：涨发黄喉 300 克。

辅：杏鲍菇 1 根。

调料 盐 15 克、生抽 1 茶匙、美极鲜半茶匙、味精 15 克、青小米 5 克、红小米 5 克、蒜片 10 克、料酒 1 茶匙、白糖 5 克、香油半茶匙、藤椒油半茶匙。

做法

1. 黄喉切五指形，杏鲍菇切棱形；青、红小米辣切细圈。
2. 锅里烧水，下姜片、盐、料酒，黄喉、杏鲍菇焯水。
3. 杏鲍菇垫底，黄喉铺上面。
4. 将盐、生抽、美极鲜、白糖、味精搅匀，加青小米、红小米、蒜片泡半小时，倒入香油、藤椒油搅动后淋在黄喉上。

特色 黄喉脆滑，杏鲍菇 Q 弹，味道鲜辣麻香。

香葱白肉丝

材料　主：二刀坐臀肉 1 块（用 150 克）。

辅：香葱头 50 克、豇豆节 50 克。

调料　青红小米辣 30 克、盐 5 克、白糖 5 克、生抽 1 茶匙、藤椒油半茶匙、美极鲜少许、香油适量。

做法
1. 首先将肉制皮后刮洗干净，用开水煮 10 分钟后捞出，凉后顺皮切 3 毫米厚片（即肥、瘦、带皮成片），再放入汤中煮开 2 分钟（除腻去脂），然后连锅端离火口，待水温热，不烫手后，再将肉片捞出，切成带皮半肥瘦丝装盘。
2. 小葱白切节，豇豆切节，青、红小米辣切圈。
3. 豇豆焯水，起锅后撒 2 克盐定味。
4. 按先酱油、白糖、味精、青、红小米、美极鲜、藤椒油搅匀将调料淋在白肉丝上即可。

用同样方法可以做椿芽白肉丝，只是椿芽季节性强，原料受限。

特色　豇豆爽脆，肉丝化渣，麻辣鲜香。

乾坤豆腐

材料 主：千页豆腐 12 块。

辅：猪肉末 50 克。

调料 盐 2 克、美极鲜半茶匙 、生抽 1 茶匙、姜末 10 克、姜片 10 克、青、红小米辣各 5 颗、西芹 50 克、胡椒粉 5 克、葱节 2 节、细干芡粉 200 克、鸡精 10 克、料酒 1 茶匙。

做法

1. 将千页豆腐破开一半，辣椒切四破，西芹切斜刀片。
2. 肉末加姜末、盐、料酒、少许美极鲜搅匀。
3. 将细芡粉抹在千页豆腐开刀面，小勺子倒过来，用勺把将肉末抹到豆腐夹层里，压紧口子，沾干粉，整理后下锅炸至金黄捞出。
4. 锅里留少许油，炒姜片、葱节，加水、美极鲜、生抽、胡椒粉熬 1 分钟后，倒入炸好的豆腐，烧软豆腐，拣出姜片、葱节，放青红小米辣，西芹，烧熟收汁，淋香油起锅。

特色 豆腐弹牙，香味浓郁。

芋儿烧排骨

材料 主：猪纤排 300 克。

辅：小芋子。

调料 泡野山椒 100 克、胡椒粉 10 克、白糖 10 克、盐 10 克、姜片 20 克、葱节 50 克、白醋 1 茶匙、味精 20 克、香油 1 茶匙、藤椒油半茶匙、料酒 1 茶匙。

做法
1. 排骨宰 1.5 厘米短节，加盐、姜片、葱节，料酒码味。野山椒切 2 节。
2. 锅里烧油六成热，把码味的姜、葱在油里煸香捞出，放排骨炸浅黄捞出。
3. 芋儿在锅里拉一下油捞出，同排骨一起放高压锅，加汤 300 克，煮 10 分钟关火。
4. 放气后倒入锅里调味，放野山椒、胡椒粉、白糖，中火收汁，加味精，藤椒油、香油起锅装碗。

特色 排骨绵香，芋儿烂糯，酸辣麻香。

第十二部分

姜汁味

HOME COOKING

姜汁味在家庭做菜中单独用得不多，但姜汁味也是川菜的常用味型之一，可运用于热、冷菜中，如姜汁热窝鸡、姜汗肘子、姜汁豇豆、姜汁菠菜等，其成菜风味是：姜汁味浓郁，咸鲜酸香，味道清鲜，开胃爽口。调制姜汁味的主要原料有：盐、姜茸、醋、白酱油、味精、香油、鲜汤等。

调制冷菜时，要在咸鲜适口的基础上，突出姜汁味，重用姜和醋。调制热菜时，重点突出姜味，可根据不同食材，酌加豆瓣或辣油。味精既有增鲜作用，又可以调和姜醋的浓郁之味，可以使味道辛辣醇和，酸而不过，香油可衬托姜的辛香，醋香的浓郁，因此香油的用量要大一些。

在操作上，将姜茸加少量盐，用少许鲜汤调匀，随即加入白酱油、醋、味精、香油等调匀即可。

要点：姜汁需用姜味浓郁的老姜，最好是贵州的老黄姜洗干净后捣茸，再兑入水，去渣，过滤，即成为浓姜汁。用于做冷菜的醋要求比较高，一定要用味道纯正的香醋。

姜汁扣肘

材料 主：猪肘 1 个。

调料 葱节 10 克、姜 150 克、盐 6 克、白酱油 25 克、花椒 10 来粒、料酒 1 茶匙、醋半茶匙。

做法

1. 将猪肘子放火上，将皮烧泡，放入温水中泡软，用刀刮洗干净，姜洗干净后 50 克切片，100 克捣烂成茸，姜茸加少量水用纱布包好挤出汁装入碗中待用。
2. 将猪肘顺着大骨划一刀，不破皮。坐锅倒清水，放入猪肘子、姜片 30 克，烧开后，打去血泡，改用小火煨至熟，取出猪肘凉后剔除骨头熬成鲜汤。
3. 将剔好的肘子，从瘦肉的一面下刀，剞成肉断皮不断的方块，皮向碗底，加入花椒粒、葱节、姜片、精盐、鲜汤 30 克，放入旺火的笼中蒸熟取出，捡去姜、葱、花椒，汤汁滗入锅中，肘子翻扣于盘中。用姜汁、白酱油、醋、精盐、香油与汤汁调匀熬煮浓稠，浇在肘子上即可。

特色 软而不烂，肥而不腻，姜汁味浓，鲜香爽口。

用姜要不要去皮

老姜是烹饪的必需品，不仅能刺激食欲，而且还有很好的药用价值，它本身是一个典型的平衡物质，它的皮温和，能去燥除湿，而去了皮的生姜造火生燥，据测定，生姜的主要功能大都集中在姜皮，姜皮辛凉，无毒，具有消腹胀满，和脾利水，去目中翳障之功效，故用生姜时不宜弃皮，用姜不去皮，能保持平衡，只需清洗干净即可用。

第十三部分 香糟味

HOME COOKING

香糟味是川菜中的特殊味型之一，主要运用于烧、蒸等糟类菜肴的制作，如香糟肉、香糟鸡、香糟冬笋等。这些菜肴具有咸甜味鲜，糟味浓郁的特点。调配香糟味的调料有：盐、白酱油、香糟（或者醪糟汁）、冰糖、胡椒面、味精、姜、葱、料酒等。

在调味的配合中，盐定咸味，白酱油辅助盐定味；醪糟汁除异味，增加香气，用量要大些；冰糖增色，提鲜，辅助醪糟汁的甜味、增香，用量不要过大，以压异味为度；味精提鲜，胡椒、姜、葱除异味，增香，以满足香味为度。

一般用收汁或挂汁的方法成菜。先用中火，后用小火，再用小火慢慢㸆入味。有的还要勾芡，以增加味道的浓郁。

香糟肉

材料 主：猪五花肉 500 克。

调料 大葱 100 克、姜 25 克、盐 15 克、生抽半茶匙、冰糖 50 克、醪糟汁 200 克、花椒 2 克、胡椒粉 2 克、香油 5 克。

做法

1. 将猪五花肉去毛洗净，焯水定形后沥干，切成长 5 厘米、宽 4 厘米、厚约 0.8 厘米的厚片，用盐、花椒、胡椒粉、姜片、葱码味 10 分钟后去掉花椒。
2. 锅烧热，中火，下色拉油、冰糖炒至棕红色，放入肉片炒上色，加汤、码味用过的葱、姜和醪糟汁、酱油烧开，打去浮沫，移小火上煨至软烂，拣去姜、葱，在中火上收浓汁，放香油入盘即可。

特色 颜色红亮、咸甜醇厚、香糟味浓，别有风味。

家的味道

美食

第十四部分 蒜香味

HOME COOKING

蒜香味也包含蒜泥味，蒜泥味是家庭常用味型之一，主要用于川味冷菜、烧菜以及油炸菜肴的制作。如蒜泥白肉、蒜泥黄瓜、蒜茸丝瓜、蒜瓣鲢鱼、蒜香排骨等菜肴。成菜的特点是：蒜香味浓，咸鲜微辣，味带回甜，风味独具。调制凉菜蒜泥味的调味品主要有：蒜茸、红酱油、白酱油、精盐、白糖、红油、香油、味精等。

凉菜里各种调味品的使用配合中，主要突出大蒜辛辣、蒜香味浓的作用，在调味时既有突出菜肴风味的作用，又有败味和压味的副作用。因此，使用时要以刚好突出蒜味的浓香为度；其他调味品是综合蒜的辛香，使其味道醇和鲜美。香油使用不要太多，因为它只是起增香的作用。

蒜烧类菜肴蒜瓣的口感非常好，但蒜香味不是很浓郁，经常见到的有蒜烧鲢鱼、蒜烧肥肠、蒜烧蹄筋等。

油炸菜以蒜香排骨为代表，以蒜泥码味做胚，蒸后油炸，蒜香味浓郁。

蒜泥白肉

材料 主：猪后腿肉 1 块（用 250 克）。

调料 盐 2 克、蒜泥 30 克、红酱油 25 克、白酱油 25 克、油辣子 50 克、白糖 5 克、味精 10 克、白芝麻 5 克、香油半茶匙、大料适量、少许小葱花。

做法

1. 将猪肉洗干净，入汤锅中煮至八成熟，离火在原汤内泡 10 分钟，捞出待用。
2. 制红酱油：放入酱油，大料，下红糖熬化后起锅，再放入味精调匀。
3. 将肉搌干水分，用刀片成极薄的大片，片肉时刀口与肉平行，按横筋由皮子起片，片得越薄越好，以利于黏附调料。肉片切好后，放入鲜汤中烫热一下，沥干汤汁，装入盘中（碎片压底）。
4. 先酱油、白糖、搅匀后加入蒜泥，油辣子，淋在肉片上，后撒白芝麻即可。

特色 蒜泥味浓，香辣鲜美，油而不腻。

注意 在熬制酱油时，火候要掌握好，避免因为煳锅，使酱油发苦、变暗；最后就是放调料的顺序不能乱，先水料，后油料，这样才有利于入味。

蒜烧蹄筋

材料 主：鲜蹄筋 400 克。

辅：大蒜 200 克。

调料 盐 5 克、胡椒粉 10 克、姜片 15 克、大葱 50 克、生抽 1 茶匙、白糖 10 克、香油 6 克、味精 5 克、鸡精 5 克、鲜汤 1000 克、美极鲜半茶匙。

做法

1. 锅内加清水 500 克，将蹄筋煮软透心，（中小火煮半小时）捞出剔去油筋，改刀成 2 厘米节。大蒜去皮备用。大葱 20 克，切马耳朵形，余下的大葱切节拍烂。
2. 净锅下油烧三成热，下大蒜炸至微黄，投入姜片、拍烂的葱节、炒香，加鲜汤、下蹄筋、大蒜，拣出葱、姜，调入胡椒粉、生抽、美极鲜、酱油、白糖，小火慢烧至蒜炽，蹄筋烧熟、汁收干后调入鸡精、味精、香油，下马耳朵葱后装碗。

特色 蹄筋炽糯、大蒜粉软入味。

家的味道

美食

第十五部分

红油味

HOME COOKING

红油味是川菜中较常见的一种微辣味型，家庭多用油辣子。一般用于凉菜、小吃、面食的调味，如红油耳片、红油水饺等。调制红油味的基本原料：辣椒红油、红酱油、白糖、味精、香油等，也有少量用于烧菜的。主要是成菜需要干净、简洁，如红油蹄筋。

红油味型要突出红油的辣香味，在适当咸味的基础上，略加入少许白糖，甜味以入口略有感觉为度，在确定基本味之后，再重点突出辣香味，加入少许味精、香油增香提鲜，可适当加入少许芝麻末增香，再加入少许蒜茸，增加红油味的浓香。

红油味型调味料制作分两个部分：调制底味，制作红油。

调制底味：先将红酱油、白糖调溶化之后，品尝一下，咸中带甜，再加入红油、味精、香油调匀即可。

制作红油：红油味的主要调料红油一定要红、要香才好，辣椒是最关键的，辣椒要肉厚籽少，并且是当年的新鲜干辣椒。煮开后打烂成糍粑海椒，用上等植物油烧至五成热下海椒，煮开后中火收干水分，提取红油。煮海椒时，可以适量加入八角、桂皮、香叶等大料同煮，有微香即可。红油最好现做现用。用不完的红油最好用玻璃瓶盛装放冰箱保存。

红油猪耳

材料 主：猪耳 1 个。

调料 盐 20 克、红油 100 克、酱油 2 茶匙、红糖 30 克、蒜茸 5 克、味精 5 克、香油 1 茶匙、大料适量、白酒 1 茶匙、姜片 30 克、大葱 30 克、白芝麻 20 克、小葱 20 克。

做法

1. 首先将猪耳烧毛刮洗干净，用冷水加盐、白酒、姜片、大葱煮开 15 分钟后捞出，凉后斜切片，摆盘。
2. 熬制红酱油：在锅里放入酱油，大料，下红糖熬化后起锅，再放入味精调匀。
3. 小葱切葱花。
4. 按先酱油、再红油、蒜茸的顺序，将调料和辅料淋在耳片上，撒白芝麻、小葱花即可。

特色 这是一道经典的川味凉菜，也是一道宴席必点菜，做家宴菜很合适，简单、大气、可提前备菜。

红油蹄筋

材料 主：鲜蹄筋 400 克。

辅：木耳、大葱。

调料 红油 25 克、姜片 15 克、葱节 50 克、酱油 20 克、白糖 5 克、豆瓣酱 30 克、精盐 2 克、香油 6 克，味精 2 克、鲜汤 1000 克。

做法

1. 锅内加清水，将蹄筋煮软透心，捞出剔去油筋，改刀 4 厘米节。
2. 净锅下油烧三成热，下姜片、葱节、豆瓣酱炒香，加鲜汤熬煮 5 分钟，去渣。下蹄筋，调入酱油、白糖小火慢烧。
3. 蹄筋烧熟、汁收干后加木耳，调入红油、味精、香油，加葱节起锅。

特色 蹄筋红亮烂糯，木耳滑脆。

蒜泥味与红油味的区别：

红油味与蒜泥味两者用的调料十分相似，但突出的重点不同，一个是突出红油辣椒的香辣味，一个是突出蒜泥的香味，都用了红油和蒜泥，前者的红油用量要大些，蒜泥用量小些，反之后者的红油用量要小些，蒜泥用量大些。

家的味道

美食

第十六部分

椒麻味

HOME COOKING

椒麻味是常用味型之一，多用于冷菜，近年也有很多热菜做椒麻味，一般归入江湖菜，其特点是椒麻辛香、咸鲜味浓。近年，出现名为椒麻鸡、花椒鸡等江湖菜，实际上还是麻辣味并不是椒麻味，只是花椒重过辣椒而已。

调制椒麻味的主要调料：花椒、葱、麻油、花椒油、精盐、白酱油、味精、鲜汤等。由于麻香味浓，花椒的选择尤其重要，以优质青花椒为佳。用花椒颗粒加盐与葱叶一道反复铡蓉，使花椒的辛香味与咸鲜味、葱香味结合更好，再配以香油边铡边滴进少许香油，配以适当的白酱油的咸味和白糖调匀，再加入味精、鲜汤的清香，融合成集香麻咸鲜一体的独特风味，既要突出麻香爽口的味道，又要做到麻得适当，麻而不过，使各种调料相互融合，香味交融，形成香麻幽香，回味悠远的感觉。代表菜品有椒麻鸡片、椒麻肚丝、椒麻舌片、椒麻笋片等。

选料要点：椒麻味是否做得成功与调料的质量有直接关系，因此选料是关键。除花椒要用正宗的川椒外，葱要用小葱的青叶，鲜汤要用鸡汤，这样才辛香味浓，味道鲜美。味汁的色泽要淡，不要影响原料的本色；咸味要恰当，糖味要适度，不要影响花椒和葱的味道，如果刀口花椒原料不合要求，可以用上等的藤椒油调制，增加麻香味。

椒麻味用于热菜，可大量使用干花椒、小葱，用热油炝后淋在菜上，也可叫葱椒味。

椒麻脆肚

材料 主：鲜猪肚半个。

辅：黄瓜半根。

调料 干花椒 20 克、味精 5 克、葱叶 50 克、精盐 5 克、白酱油 10 克、白糖 5 克、香油 20 克、清汤 30 克、姜片 20 克、料酒 20 克。

做法 1. 鲜猪肚洗干净，用刀刮去油筋，炖熟，晾凉后打斜片。

2. 黄瓜对破成 4 支，去芯，片块，摆入盘中垫底，肚片铺在黄瓜片上。

3. 将生花椒、盐、葱叶，放在菜板上铡，再滴入少许香油，边铡边滴香油，铡成蓉后再加味精、白酱油、香油、清汤调匀，浇在肚头片上即可。

特色 肚片脆嫩，香麻爽口。

葱椒肝片

材料　主：猪肝 200 克。

辅：黄瓜 1 条、小葱 100 克。

调料　盐 12 克、味精 10 克、鸡精 10 克、芡粉 30 克、鸡蛋 1 个、葱节 20 克、姜片 20 克、胡椒粉 5 克、干青花椒 100 克、藤椒油 1 茶匙。

做法

1. 猪肝急冻半小时后切薄片清漂，加盐、姜片、料酒码味，清洗，挤干，加盐、姜片、胡椒粉搅匀，加芡粉、蛋清搅匀。
2. 黄瓜切成薄片，摆放在碗底。
3. 小葱切成葱花。
4. 用少许油将姜、葱节炒香，加水，打渣；放胡椒粉、鸡精、味精。
5. 将码好味的肝片展开下到汤中，烧开后，起锅盛碗，小葱花铺在肝片上。
6. 锅里加油，将青花椒粒下到油里炸出椒香味，淋在小葱花上，再加入藤椒油增加麻香味即可。

特色　肝片脆嫩，葱香浓郁，椒麻刺激。

家的味道

美食

第十七部分

咖喱味

HOME COOKING

咖喱味是近来家庭较为喜爱的一个味型，是比较新颖的一种风味。代表菜肴有：咖喱鱼丝、咖喱鸡条、咖喱土豆等。这些菜肴具有香味浓郁、鲜咸带辣的特色。主要调料是：盐、咖喱粉、胡椒、味精、干辣椒、料酒、姜、葱、蒜、洋葱等。

在这些调味品中，各种调料的配合是，盐定味；用咖喱酱或咖喱粉、咖喱油调味，用量要大，才可突出咖喱味；味精提鲜；干辣椒增强香辣；胡椒、料酒、姜、葱、蒜、洋葱，增香、提味、减腻、除异味，让菜肴味浓香鲜，咸中带辣。

咖喱味常用于牛肉、鸡肉、鱼肉、猪肉等菜肴，也可用于包子、米饭、药膳等。

咖喱排骨

材料 主：猪纤排300克。

辅：土豆150克。

调料 葱白头100克、熟猪油100克、盐15克、芡粉10克、菜油1000克（耗150克）、姜片20克、胡椒粉10克、咖喱粉20克、干辣椒10克、味精5克、葱3根、料酒10克、姜块20克。

做法

1. 将排骨斩成长5厘米的条，氽水后清洗干净。用盐10克、姜片码味。土豆切成5厘米长、2厘米厚的条；干辣椒去蒂和籽，切成2节。
2. 净锅放火上，下熟菜油，五成热时，投入排骨，炸至表面有收缩和变黄色时捞出；放入土豆块，炸至变色捞出；滗去余油，加入鲜汤、盐、排骨、辣椒节、料酒、姜、葱烧开，打去浮沫，用小火慢烧至八成熟。
3. 另起一只锅放中火上，下熟猪油烧至四成热，放入葱白头、咖喱粉、辣椒，码味的姜片，倒入土豆、排骨同烧至滋汁快干时，拣去葱白头，入水淀粉收汁，起锅入盘即可。

特色 色泽艳黄，肉质绵软，香气浓郁，别有风味。

家的味道

美食

第十八部分 茄汁味

HOME COOKING

茄汁味也是川菜的常用味型，多用于川菜的热菜，尤其是软炸和酥炸，如茄汁鱼花、茄汁鱼卷等。这些菜肴具有味浓鲜香、酸甜适口的特点。在操作中，使用的调味料主要有：盐、番茄酱、料酒、味精、白糖、香油、姜、葱、蒜、胡椒面。

在各种调料的配合中，盐定味，但用量不宜过大。番茄酱含有自然的果酸风味，可以提色、增香，因此要重用番茄酱，以突出茄汁味。白糖用量也不宜太多，与番茄酱用量的比例关系要协调，入口酸甜适当。味精提鲜，有鲜味为宜。香油要满足菜肴的香味不一样，入口感觉有酸甜风味，与其他复合味配合较好。

番茄滑肉汤

材料　主：眉毛肉 250 克。

辅：番茄 500 克。

调料　姜片 20 克、胡椒粉 2 克、大葱 1 根、盐 20 克、鸡精 10 克、红薯粉 200 克、猪油 50 克、番茄酱 100 克、汤 1500 克。

做法

1. 将肉切片，大葱拍烂，10 克盐、10 克姜片码味，番茄 250 克切片，250 克捣成酱，红薯粉提前 1 小时用清水发涨，澄清。
2. 锅里放猪油烧热，下姜片煸炒，炒香后放入番茄酱炒香，再加打烂的番茄炒翻红，翻沙，加汤、胡椒粉熬煮。
3. 肉片腌码 10 分钟后，拣出姜、葱，把澄清后发硬的红薯粉放进肉里抓捏，把粉尽量捏进肉纤维里。
4. 锅里大火熬汤后，用小火煮肉，把肉一片一片放进汤里。放完后，再煮 10~15 分钟，加番茄片煮开，加鸡精，盐调味出锅。

特色　肉滑糯，细腻，滑肉也可以与酸菜、盐白菜、豌豆尖搭配。

注意　一定要用纯红薯粉，比例也要把握好。一般肉和粉的比例是 1:0.6。

叉烧肉

材料 主：猪五花肉 300 克。

调料 葱 50 克、姜 30 克、盐 5 克、白糖 20 克、味精 10 克、叉烧酱 100 克、腐乳 1 块、酱油 1 茶匙、料酒 1 茶匙。

做法

1. 将五花肉洗净后加入白糖、盐、味精、酱油、压碎的腐乳、料酒、葱、姜拌匀腌制 6 个小时备用（夏天放冰箱）。
2. 坐锅点火倒油，将腌制好的肉放进烤箱用 200℃温度烤半小时，出烤箱后，锅里倒入腌肉的汤汁和少许水、叉烧酱，中火收汁，出锅后打斜片装盘，淋上锅里余下的汤汁。

特色 口感蜜甜，色泽酱红。

叉烧排骨

材料 主：排骨 400 克。

调料 盐 15 克、番茄酱 100 克、姜片 30 克、大葱节 100 克、料酒 12 克、白糖 25 克、腐乳 30 克、味精 10 克、酱油 20 克、熟白芝麻 10 克、香油半茶匙、水 500 克。

做法
1. 将排骨洗净后焯水洗净，加入白糖、盐、味精、酱油、腐乳酱、料酒、葱、姜拌匀腌制 6 小时备用（夏天放冰箱）。
2. 锅中倒油，下番茄酱炒香，倒入腌制排骨的汤汁和水，加入排骨，调入适量白糖，中火收汁，出锅后滴入香油、撒入白芝麻即可。

特色 咸鲜蜜甜、色泽酱红、酥软离骨。

家的味道

美食

第十九部分 五香味

HOME COOKING

川菜常用味型，所谓五香，是指烧煮食物时加入数种香料。常用的有：三萘、八角、茴香、白蔻、丁香、桂皮、筚拨、干松、砂仁、香果、广香、香叶、罗汉果。

再加盐、料酒、葱、老姜等熬制汤料和码肉料。

卤猪脚

材料 主：猪脚 2 只、鸡架骨 1 副、大骨 1 根。

调料 盐 150 克（卤水用 100 克，码猪脚用 50 克）、白糖 100 克、味精 50 克、料酒、大葱 100 克、胡椒 2 克、花椒 5 克、八角 20 克、三萘 10 克、茴香 10 克、白蔻 15 克、丁香 2 克、桂皮 15 克、筚拨 20 克、干松 5 克、砂仁 15 克、香果 10 克、广香 10 克、香叶 10 克、罗汉果 1 个、老姜 150 克 、大葱 100 克、猪骨汤 1500 毫升。

做法
1. 将鸡架骨、大骨焯水洗净，加老姜，花椒。
2. 将以上香料焯水，去污，包好香料，放入汤中熬煮制卤水，熬 2 小时。
3. 将猪脚烧洗净，焯水，用盐码味 2 小时，放入卤水煮开后用小火煮 1 小时，在卤水中泡半天加热后捞出刷香油即可。

特色 凉时吃猪脚 Q 弹，温热吃猪脚软糯。胶原蛋白含量高。

卤心舌、卤拱嘴

材料　主：猪心舌 1 副、猪拱嘴 3 个。

调料　盐 150 克（卤水用 100 克，码猪脚用 50 克）、白糖 100 克、味精 50 克、料酒、大葱 100 克、胡椒 2 克、花椒 5 克、八角 20 克、三萘 10 克、茴香 10 克、白蔻 15 克、丁香 2 克、桂皮 15 克、筚拨 20 克、干松 5 克、砂仁 15 克、香果 10 克、广香 10 克、香叶 10 克、罗汉果 1 个、老姜 150 克 、大葱 100 克、猪骨汤 1500 毫升。

做法

1. 心舌、拱嘴焯水，舌子捞出后用刀刮去舌苔膜，用盐，料酒码味。
2. 将以上香料焯水，去污，包好香料，放入汤中熬煮制卤水，熬 2 小时。
3. 拱嘴焯水，卤制同上，卤的时间为心舌 20 分钟，拱嘴 15 分钟。泡至温热捞出。

尽量吃凉的，口感更好。

家的味道

美食

第二十部分

香辣味

HOME COOKING

由于烧烤的流行，很多店将烧烤味移植到店里，香辣味慢慢形成家常味。主要原料有：辣椒、花椒、美极鲜、孜然粉、十三香或者大料等香料，加以香油，花椒油，改变传统的香辣味型，形成近似烧烤的重孜然，喜美极鲜、保留麻辣的香辣味。

香辣蹄花

材料 主：猪蹄 500 克。

调料 干辣椒节 150 克、干辣椒粉 100 克、干花椒 30 克、孜然 10 克、美极鲜 1 茶匙、生抽 2 茶匙、盐 30 克、八角 1 颗、砂仁 1 颗、三萘 2 克、桂皮 1 小块、姜片 20 克、蒜片 20 克、白糖 20 克、味精 10 克、香油 10 克、花椒油 10 克、料酒 2 茶匙、白芝麻 10 克。

做法

1. 猪蹄烧皮刮洗干净，宰块，放盐、香料、料酒姜片 10 克码味。
2. 将码好的猪蹄和码料装入高压锅，加水 300 克，煮 20 分钟。
3. 锅里烧油，放姜片、蒜片、干辣椒节、干花椒、辣椒面、孜然、倒入熟蹄花翻炒，炒上色后，加煮蹄花的汤，拣出香料，收干汤汁。
4. 调味，调入美极鲜、生抽、白糖、味精、香油、花椒油，炒匀起锅装盘撒白芝麻。

特色 猪蹄粑糯劲道，味道麻辣鲜香，孜然味浓，肥而不腻。

注意 放辣椒面和孜然面时，关小火，以免糊。

功夫排骨

材料　主：猪纤排 5 根。

辅：虾片 20 克、青红小米辣各 2 颗、蒜薹 1 根。

调料　盐 20 克 、白糖 10 克、孜然 10 克、老抽半茶匙、生抽半茶匙、香油半茶匙、八角 1 颗、砂仁 1 颗、三萘 2 克、桂皮 1 小块、姜片 20 克、白糖 5 克、味精 10 克、料酒 2 茶匙。

做法

1. 排骨宰 8 厘米长的节，焯水后用卤水卤制。
2. 青红小米辣切细圈，蒜薹切丁。
3. 锅里下油烧四成热，将虾片炸泡，油温升至七成热时，卤熟的排骨下锅炸至紧皮捞出。
4. 锅里留少量油，倒入辣椒圈，蒜薹、排骨一起翻炒。
5. 调味，生抽，老抽、白糖，味精，料酒翻炒后淋香油起锅，放在炸好的虾片上。

特色　排骨浓香，虾片酥脆。

家的味道

美食

第二十一部分 陈皮味

HOME COOKING

陈皮味是大多数人喜欢的凉菜之一，比较适合家庭用餐，其特点是：色泽棕红、陈皮香浓、麻辣味厚、回味略甜。陈皮味一般只用于冷菜。主要调料有：盐、陈皮、酱油、干花椒、干海椒节、姜、葱、白糖、红油、味精、醪糟汁、香油。在调制时，陈皮用量不宜太多，多则回味带苦。白糖和醪糟汁的作用是增鲜，不能放多，有一点回甜味就够了。主要适宜家禽、家畜肉，如陈皮牛肉、陈皮兔丁等，也可做陈皮豆干。但不宜调蔬菜，尤其是绿叶蔬菜，调蔬菜容易显苦味。

陈皮香肉

材料 主：猪腿肉 400 克。

调料 盐 10 克、干花椒 50 克、干辣椒节 50 克、姜 20 克、葱 50 克、红油 20 克、陈皮 30 克、味精 10 克、料酒 20 克、白糖 5 克、香油 5 克、鲜汤 150 克、白芝麻 10 克。

做法

1. 瘦肉焯水定形，按横筋切成 2 厘米长宽，0.6 厘米厚片，用盐、姜、葱、料酒略腌。陈皮撕成大拇指大的块，用清水泡在碗里。干辣椒节搓揉去籽。
2. 油锅置旺火上，油烧至七成热，下肉片炸至紧皮即捞出。
3. 下辣椒节、干花椒、陈皮炸出香味，捞一半起来，加鲜汤、盐、料酒，放入炸好的肉片，烧沸后移小火上烧，待汤汁快干时下红油、白糖、味精，继续收汁至吐油时，放入剩下的干辣椒节、花椒、陈皮、香油起锅，晾凉后装盘撒白芝麻即成。

特色 色泽红亮，质地酥软，麻辣回甜，陈皮味香。

家的味道

美食

第二十二部分

怪味

HOME COOKING

怪味是很有特色的味型，也是四川首创的一个味型，风味独特。因集咸、甜、麻、辣、酸、鲜、香于一体，各味平衡又十分和谐，成菜具有七味并列之效果，被称之为“怪味”。广泛运用于冷热菜之中，以冷菜多见，如怪味鸡丝、怪味兔丁、怪味鱼条等。调制怪味的主要调味品有：酱油、红油辣椒、花椒面、花椒油、芝麻酱、花生碎、糖、醋、芝麻面、小葱、姜、蒜、味精等。

要体现各种调料平衡与协调，使各种不同类型的调味风格都能发挥出来。咸味是基础，是各种调味品之“王”；在咸鲜味的基础上，麻辣味为第一层次，应强一些；甜酸味为第二层次，宜弱一些，甜酸味不要过量，以免破坏味的平衡；蒜的用量不要多，只起辛香的作用；姜汁味宜少不宜多。

调味方法：在调味碗里放少量盐，再加入酱油、味精搅至完全溶解待用；另一个碗将花椒油、芝麻油与芝麻酱调散，加白糖、醋、再调匀成糊状，倒入调好的酱油，使滋汁中咸甜酸味道均有，再加入红油辣椒、花椒面、少许蒜水、姜汁搅拌均匀，最后加入小葱花搅拌均匀，吃之前再加入炒好的芝麻。

关键：怪味的调配要使各种调料和油脂充分融合，达到水乳交融的目的，先调出咸、甜、酸、鲜的基本味感，然后再放入其他调料。

过桥抄手

材料　主：肉末 500 克。

辅：荸荠 10 个、抄手皮（馄饨皮）100 张、鸡蛋 1 个。

调料　盐 12 克、红酱油 5 茶匙、香醋 3 茶匙克、花生碎 50 克、黄豆粉 20 克、红油辣椒 30 克、红油 2 茶匙、芝麻酱 100 克、白糖 30 克、味精 15 克、花椒面 5 克、熟芝麻 20 克、香油 2 茶匙、花椒油 1 茶匙、小葱花 100 克。

做法

1. 荸荠去皮剁成细末，将 200 克清水和 12 克盐，分三次放入肉末，顺一个方向搀，搀至肉末黏稠，再加入鸡蛋，荸荠末，顺一个方向搅匀。
2. 将馅料放在抄手皮角尖上，裹 1 圈，两边用拇指、食指压紧，将馅料刮板的肉糨糊在抄手皮一头尖上，中指顶住中间，两边对着压紧。
3. 煮三开，抄手浮起后捞出沥干水，装入浅碗。
4. 调蘸酱：将香油、花椒油与芝麻酱解散，另一碗放盐、酱油、白糖、味精搅匀，放醋、红油辣椒、红油、花椒粉、花生碎、黄豆粉、葱花即可。
5. 抄手煮好后，夹起抄手从蘸料碗低部搅起，裹满蘸料，一碗抄手一份调料，刚好蘸完最合适（以上调料是十碗过桥抄手调料，一般十个一碗）。

特色　进口微酸回味甜，麻酱香浓红油润。

家的味道

美食

第二十三部分

麻酱味

HOME COOKING

麻酱味是家庭菜的味型之一，作为一种特色的味型，多用于冷菜的调味，也可用于蔬菜的热拌，如麻酱凤尾、麻酱空心菜等。重点突出芝麻酱浓郁的香味和咸鲜爽口的特点。调料主要有：芝麻酱、香油、盐、味精、鲜汤、白糖、鸡汁等，也可用白酱油调制。

麻酱味的调料中，芝麻酱占重要地位。芝麻酱要新鲜，其香味才自然而浓郁。在重用芝麻酱的前提下，用香油突出香味，酱油的用量要适当，配合做到咸味适中。味精起到提高鲜味的作用，再加入少许白糖，可以形成醇厚、柔和、咸鲜、爽口。调制时要注意：芝麻酱过重会有腻口之感。成功的标准是：酱香浓郁、香中有鲜、咸味适度、爽口不腻。

调制方法：先将芝麻酱用芝麻油调散，使芝麻酱的香味和芝麻油的香味充分融合，但香油的用量不要太大，刚好调散成稠糊状即可。然后用白酱油、鲜汤（鸡汤或肉汤）、味精、白糖调匀成米汤状的流汁。

麻酱三丁

材料 主：里脊 100 克、豆干 100 克、花生米 100 克。

调料 芝麻酱 30 克、香油半茶匙、盐 10 克、姜片 10 克、细芡粉 20 克、味精 10 克、白糖 5 克、鲜汤适量，也可用白酱油调制。

做法

1. 将里脊剞花刀，改切 1 厘米正方丁，用姜片、盐码味，裹粉，豆干切 1 厘米正方丁，花生用开水涨发 5 分钟。
2. 冷油下入涨发后的花生米，炒至花生响声停止后 10 秒，捞出花生，将肉丁抖散下锅，炸金黄捞出，豆干下锅，炸金黄捞出。
3. 芝麻酱用芝麻油调散，使芝麻酱的香味和芝麻油的香味充分融合，调散成稠糊状，然后用白酱油、鲜汤（鸡汤或肉汤）、味精、白糖调匀成米汤状的流汁，淋在炸好的三丁上。

特色 豆干绵软，花生米脆爽，里脊鲜香，麻酱味浓。

麻酱肥肠

材料　主：肥肠 500 克。

调料　盐 50 克 、白糖 100 克、味精 50 克、料酒 2 茶匙、大葱 100 克、胡椒粉 2 克、花椒 10 克、八角 20 克、三萘 10 克、茴香 10 克、丁香 1 克、桂皮 15 克、干松 2 克、香叶 10 克、老姜 50 克 、大葱 100 克、汤 1500 毫升芝麻酱 100 克、香油 1 茶匙香菜 10 克。

做法

1. 将以上香料制卤水，也可用老卤水。
2. 用豆渣搓揉肥肠，两面清洗后焯水沥干，放入卤水煮开后用小火煮半小时后趁热捞出沥干。
3. 肥肠凉后切滚刀。
4. 三成油温，将锅端离火，倒入芝麻酱翻搅，翻搅均匀后加入白酱油，倒入肥肠，收干起锅，放香菜。

特色　肥肠柔软，麻酱香浓。

注意　翻炒芝麻酱时要低油温，不能高温，高温一是容易致煳，二是芝麻酱香味会流失。